全国高等院校新能源专业规划教材

全国普通高等教育新能源类"十三五"精品规划教材

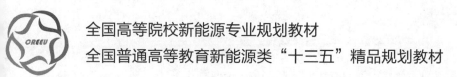

光伏发电实验实训教程

Practical Training Course of Photovoltaic Power

主　编　李　涛

副主编　梁文英　梁光胜　司　杨

中国水利水电出版社
www.waterpub.com.cn
·北京·

内 容 提 要

本书是"全国高等院校新能源专业规划教材"之一。主要针对太阳能光伏发电实践教学。主要内容包括太阳电池材料实验、太阳电池实验、光伏组件实验、光伏电力电子实验、储能电池实验、光伏发电系统实验和智能微电网实验等7个部分。本书以"工程思维训练"为主线,将与太阳能光伏发电工程相关的专业知识进行系统整合,从工程实践角度科学呈现相关学科知识体系。

本书可作为新能源科学与工程专业本科学生的专业主干课程教材。

图书在版编目(CIP)数据

光伏发电实验实训教程 / 李涛主编. -- 北京 : 中国水利水电出版社,2018.6
全国高等院校新能源专业规划教材 全国普通高等教育新能源类"十三五"精品规划教材
ISBN 978-7-5170-6595-1

Ⅰ. ①光… Ⅱ. ①李… Ⅲ. ①太阳能发电-实验-高等学校-教材 Ⅳ. ①TM615-33

中国版本图书馆CIP数据核字(2018)第147742号

书　　名	全国高　院校新能源专业规划教材 全国普通高等教育新能源类"十三五"精品规划教材 **光伏发电实验实训教程** GUANGFU FADIAN SHIYAN SHIXUN JIAOCHENG
作　　者	主　编　李　涛 副主编　梁文英　梁光胜　司　杨
出版发行	中国水利水电出版社 (北京市海淀区玉渊潭南路1号D座　100038) 网址:www.waterpub.com.cn E-mail:sales@waterpub.com.cn 电话:(010)68367658(营销中心)
经　　售	北京科水图书销售中心(零售) 电话:(010)88383994、63202643、68545874 全国各地新华书店和相关出版物销售网点
排　　版	中国水利水电出版社微机排版中心
印　　刷	天津嘉恒印务有限公司
规　　格	184mm×260mm　16开本　15印张　356千字
版　　次	2018年6月第1版　2018年6月第1次印刷
印　　数	0001—3000册
定　　价	**49.00元**

丛书编委会

本书编委会

主　　编　李　涛（青海师范大学）

副 主 编　梁文英（青海师范大学）

　　　　　梁光胜（北京海瑞克科技发展有限公司）

　　　　　司　杨（青海大学）

参　　编　袁　娇（青海师范大学）

　　　　　马先果（贵州理工学院）

　　　　　唐安江（贵州理工学院）

　　　　　李邦兴（重庆理工大学）

　　　　　吴　江（中国人民解放军陆军勤务学院）

　　　　　宋经纬（乐山职业技术学院）

　　　　　刘文富（黄淮学院）

　　　　　王银玲（黄淮学院）

　　　　　王康民（山西能源学院）

　　　　　武仁兵（北京海瑞克科技发展有限公司）

　　　　　刘　剑（唐山学院）

丛 书 前 言

　　总算不负大家几年来的辛苦付出，终于到了该为这套教材写篇短序的时候了。

　　这套全国高等院校新能源专业规划教材、全国普通高等教育新能源类"十三五"精品规划教材建设的缘起，要追溯到 2009 年我国启动的国家战略性新兴产业发展计划，当时国家提出了要大力发展包括新能源在内的七大战略性新兴产业。经过不到十年的发展，我国新能源产业实现了重大跨越，成为全球新能源产业的领跑者。2016 年国务院印发的《"十三五"国家战略性新兴产业发展规划》，提出要把战略性新兴产业摆在经济社会发展更加突出的位置，强调要大幅提升新能源的应用比例，推动新能源成为支柱产业。

　　产业的飞速发展导致人才需求量的急剧增加。根据联合国环境规划署 2008 年发布的《绿色工作：在低碳、可持续发展的世界实现体面劳动》，2006 年全球新能源产业提供的工作岗位超过 230 万个，而根据国际可再生能源署发布的报告，2017 年仅我国可再生能源产业提供的就业岗位就达到了 388 万个。

　　为配合国家战略，2010 年教育部首次在高校设置国家战略性新兴产业相关专业，并批准华北电力大学、华中科技大学和中南大学等 11 所高校开设"新能源科学与工程"专业，截至 2017 年，全国开设该专业的高校已超过 100 所。

　　上述背景决定了新能源专业的建设无法复制传统的专业建设模式，在专业建设初期，面临着既缺乏参照又缺少支撑的局面。面对这种挑战，2013 年华北电力大学力邀多所开设该专业的高校，召开了一次专业建设研讨会，共商如何推进专业建设。以此次会议为契机，40 余所高校联合成立了"全国新能源科学与工程专业联盟"（简称联盟），联盟成立后发展迅速，目前已有近百所高校加入。

　　联盟成立后将教材建设列为头等大事，2015 年联盟在华北电力大学召开了首次教材建设研讨会。会议确定了教材建设总的指导思想：全面贯彻党的教育方针和科教兴国战略，广泛吸收新能源科学研究和教学改革的最新成果，认真对标中国工程教育专业认证标准，使人才培养更好地适应国家战略性新兴产业的发展需要。同时，提出了"专业共性课＋方向特色课"的新能源专业课程体系建设思路，并由此确定了教材建设两步走的计划：第一步以建设新能源各个专业方向通用的共性课程教材为核心；第二步以建设专业方向特色课程教材为重点。此次会议还确定了第一批拟建设的教材及主编。同时，通过专家投票的方式，选定中国水利水电出版社作为教材建设的合作出版机构。在这次会议的基础上，联盟又于 2016 年在北京工业大学召开了教材建设推进会，讨论和审定了各部教材的编写大纲，确定了编写任务分工，由此教材正式进入编写阶段。

　　按照上述指导思想和建设思路，首批组织出版 9 部教材：面向大一学生编写了《新能源科学与工程专业导论》，以帮助学生建立对专业的整体认知，并激发他们的专业学习兴趣；围绕太阳能、风能和生物质能 3 大新能源产业，以能量转换为核心，分别编写了《太阳能转换原理与技术》《风能转换原理与技术》《生物质能转化原理与技术》；鉴于储能技术在新能源发展过程中的重要作用，编写了《储能原理与技术》；按照工程专业认证标准对本科毕业生提出的"理解并掌握工程管理原理与经济决策方法"以及"能够理解和评价针对复杂工程问题的工程实践对环境、社会可持续发展的影响"两项要求，分别编写了《新能源技术经济学》《能源与环境》；根据实践能力培养需要，编写了《光伏发电实验实训教程》《智能微电网技术与实验系统》。

首批 9 部教材的出版，只是这套系列教材建设迈出的第一步。在教育信息化和"新工科"建设背景下，教材建设必须突破单纯依赖纸媒教材的局面，所以，联盟将在这套纸媒教材建设的基础上，充分利用互联网，继续实施数字化教学资源建设，并为此搭建了两个数字教学资源平台：新能源教学资源网（http：//www.creeu.org）和新能源发电内容服务平台（http：//www.yn931.com）。

在我国高等教育进入新时代的大背景下，联盟将紧跟国家能源战略需求，坚持立德树人的根本使命，继续探索多学科交叉融合支撑教材建设的途径，力争打造出精品教材，为创造有利于新能源卓越人才成长的环境、更好地培养高素质的新能源专业人才奠定更加坚实的基础。有鉴于此，新能源专业教材建设永远在路上！

丛书编委会

2018 年 1 月

本　书　前　言

中国可再生资源丰富，具有大规模开发的资源条件和技术潜力，可以为未来社会和经济发展提供足够的能源。随着产业的进步与发展，技术型人才的需求量也大幅增加。高等教育为配合国家战略新兴产业发展规划，顺应发展需求设立了新能源类相关专业。新能源类相关专业涉及的学科领域广泛，应用性强，对实践教学提出了更高的要求。

本书的编写主要针对光伏发电实践教学，将与光伏发电相关的材料物理、电工电子、电力系统、控制科学等相关学科集合在一起，以光伏发电视角整理相关学科知识。太阳能光伏发电涵盖学科内容较多，在大学本科教育阶段无法完成全方位的专业教学。本书以"工程思维"为主线，将与太阳能光伏发电工程相关的专业知识进行系统整合，从工程实践角度出发来呈现相关学科知识体系。

作为实验实训教程，本书可配合"太阳能转换原理与技术""太阳电池""光伏发电系统""光伏并网发电及其逆变控制""光伏检测技术与国际标准"与"智能微电网"等相关理论课，为以上课程提供课程实验及相关课程设计。通过本书的工程思维训练，学生可对光伏发电工程有更加清晰的理解，明确新能源类相关专业中基础学科在太阳能光伏发电行业中的应用模式，对行业知识有更清晰的理解。

本书包括太阳电池材料、太阳电池、光伏组件、光伏电力电子、储能电池、光伏发电系统和智能微电网 7 个模块，在使用本书前学生应具有与章节内容相对应的基础知识，特别是与电工电子、电力系统和控制科学相关的基础知识。本书内容以课程实验为主，其中在太阳电池实验、光伏组件实验、光伏电力电子实验和智能微电网实验 4 章中介绍部分相关基础知识，此类知识是对现有理论教材的内容补充，方便学生更加快速地掌握本书的知识结构体系和工程思维训练。

结合理论课程设计与光伏发电工程思维训练要求，本书共设置了 44 个实验，其中 11个实验可作为课程设计引导内容（加 * 的章节），共可完成 117 个实验课时。基于新能源类相关专业学科体系与课程设置，本书主要适用于本科阶段三年级第 6 学期及四年级第 7学期的专业主干课程。任课教师也可根据具体课程设置节选部分实验内容。

为提高学习效果，本书在每个实验后设有实验报告，学生可直接填写和分析实验数据，撰写实验报告。部分实验后附有思考题，任课教师可根据课程情况灵活安排。

本书由李涛主编，梁文英、梁光胜、司杨任副主编。袁娇、马先果、唐安江、李邦兴、吴江、刘文富、王银玲、宋经纬、王康民、武仁兵、刘剑参加了本书的编写工作。全书由李涛统稿。

本书是在"全国高等院校新能源专业规划教材"编委会直接领导下编写的，福建师范大学黄志高教授给与了重要的指导意见，南京日托光伏科技股份有限公司逯好峰博士为本书提供了大量资料，在此一并表示感谢。中国水利水电出版社能源分社李莉、王春学、汤何美子为本书的编写做了大量工作，为提高本书的质量做出了重要贡献。在此，对他们表示衷心的感谢。全书在编写过程中，参阅了大量的参考书籍，将其中比较成熟的内容加以引用，并作为参考文献列于本书之后，以便读者查阅，同时对参考书籍的原作者表示衷心的感谢。

　　由于目前光伏发电技术发展迅速，而作者的专业水平有限，加之时间仓促，书中难免存在不妥、疏忽或错误之处，敬请专家和读者批评指正。

编者

2018 年 3 月

目　录

丛书前言

本书前言

第1章　太阳电池材料实验 ……………………………………………………… 1

1.1　单晶硅电阻率的测量 ……………………………………………………… 1

1.2　非平衡少数载流子寿命测试 …………………………………………… 9

1.3　单晶硅中旋涡缺陷的检测* ……………………………………………… 17

1.4　红外吸收法测定单晶硅中的碳含量 …………………………………… 23

1.5　红外吸收法测定单晶硅中的氧含量 …………………………………… 27

第2章　太阳电池实验 …………………………………………………………… 31

2.1　太阳电池的基本特性 …………………………………………………… 31

2.2　太阳电池伏安特性曲线绘制实验 ……………………………………… 35

2.3　环境因素对太阳电池特性的影响* ……………………………………… 47

2.4　太阳电池串并联特性实验 ……………………………………………… 61

2.5　太阳电池的光谱响应测试* ……………………………………………… 67

第3章　光伏组件实验 …………………………………………………………… 75

3.1　光伏组件测试的发展历程 ……………………………………………… 75

3.2　光伏组件基本性能测试的标准要求 …………………………………… 75

3.3　光伏组件的环境性能测试 ……………………………………………… 76

3.4　光伏组件的机械性能测试 ……………………………………………… 78

3.5　光伏组件的热斑耐久性测试* …………………………………………… 81

第4章　光伏电力电子实验 ……………………………………………………… 85

4.1　光伏发电控制器的工作原理与功能 …………………………………… 85

4.2　光伏控制器相关实验* …………………………………………………… 86

4.2.1　光伏控制器BUCK电路驱动测试实验 …………………………… 86

4.2.2　光伏控制器BUCK电路测试实验 ………………………………… 93

4.2.3　光伏控制器BUCK电路元件参数实验 …………………………… 99

4.2.4　光伏发电控制器最大功率点跟踪实验 …………………………… 105

4.2.5　三段式充电观察实验 ……………………………………………… 109

4.3　光伏离网逆变器的工作原理与功能 …………………………………… 110

4.4　光伏离网逆变器相关实验* ··· 111

4.4.1　离网/并网逆变器结构认识实验 ··· 111

4.4.2　逆变器 TL494 推挽升压、调压实验 ·· 112

4.4.3　方波、修正波驱动波形编译并观察实验 ···································· 114

4.4.4　全桥驱动实验 ··· 117

4.4.5　正弦波逆变器与变频实验 ·· 118

4.4.6　离网逆变器的创新实验 ·· 119

4.5　光伏并网逆变器相关实验 ··· 120

4.5.1　并网逆变器转换效率测试实验 ·· 120

4.5.2　并网逆变器实训实验 ·· 139

4.5.3　光伏并网逆变器直流输入电压范围测试实验 ······························ 143

4.5.4　光伏并网逆变器电网频率响应测试实验 ···································· 147

4.5.5　光伏并网逆变器最大功率点跟踪（MPPT）测试实验 ·················· 151

4.5.6　光伏并网逆变器孤岛保护测试实验 ··· 155

第 5 章　储能电池实验 ··· 163

5.1　动力电池组充电及充电保护实验 ··· 163

5.2　动力电池组放电及放电保护实验 ··· 169

5.3　动力电池组均衡实验 ··· 175

5.4　动力电池组温度保护实验 ·· 176

第 6 章　光伏发电系统实验 ··· 178

6.1　气象信息采集实验* ··· 178

6.2　光伏并网发电系统设计实验* ·· 185

第 7 章　智能微电网实验 ··· 186

7.1　智能微电网的基础结构 ·· 186

7.2　微电网模拟光伏并网实验 ·· 190

7.3　双向储能变流器并网及充、放电实验 ··· 195

7.4　微电网系统并网实验 ··· 203

7.5　微电网离网运行实验 ··· 209

7.6　非计划性孤岛转换实验* ·· 215

7.7　微电网孤岛并网切换实验* ·· 219

7.8　微电网能量环流实验* ··· 223

参考文献 ·· 227

第 *1* 章　太阳电池材料实验

1.1　单晶硅电阻率的测量

1. 实验目的

掌握四探针测试仪的使用。

掌握四探针法测量单晶硅电阻率的测试方法。

掌握单晶硅电阻率的数据评价方法。

2. 实验原理

四探针测试仪主机由主机板、前面板、后背板及机箱组成。前面板上主要装有数字表、测试电流换挡开关、电阻率/方块电阻转换开关、校准/测量变换开关以及电流调节电位器；后背板上装有电源插座、电源开关、保险管及四探针连接插座。机箱底板上装有主机板。前、后面板与主机板之间的连接均采用接插件，便于拆卸维修。其实验原理图如图1.1 所示，电阻率测试仪框图如图 1.2 所示，测量仪器前面板如图 1.3 所示，测量仪器后面板如图 1.4 所示。

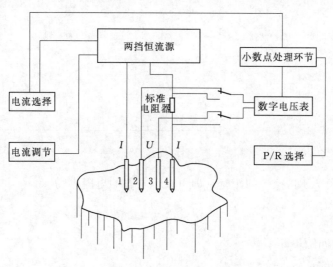

图 1.1　电阻率/方块电阻测试仪原理图

四探针测试仪的基本原理是恒流源给探针 1、探针 4 提供稳定的测量电流 I，由探针 2、探针 3 测取被测样品上的电位差 U。

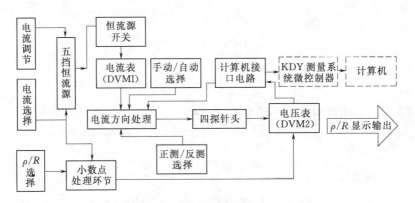

图 1.2　电阻率测试仪框图

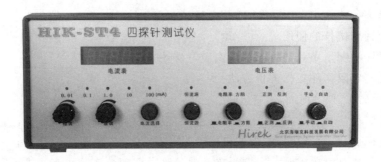

图 1.3　测量仪器前面板图

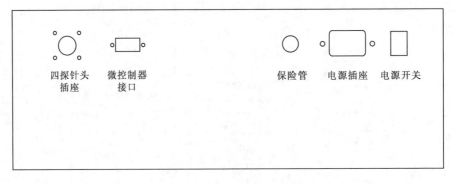

图 1.4　测量仪器后面板图

当样块厚度大于 4 倍探针间距时，即可计算材料的电阻率为

$$\rho = 2\pi S \frac{U}{I} F_{sp} \tag{1.1}$$

式中　　S——探针间距，cm；

　　　　U——电压的读数，mV；

　　　　I——电流的读数，mA；

　　　　F_{sp}——探针间距修正系数；

　　　　ρ——电阻率，$\Omega \cdot$cm。

式（1.1）较为经典，用于样品厚度和任一探针离样品边界的距离均大于 4 倍探针间距（近似半无穷大的边界条件），且无需进行厚度、直径修正的情况。此时如用 $S=1$mm 的探头，选择 $I=0.628$A；如用 $S=1.59$mm 的探头，选择 $I=0.999$A，这样就可以从本仪器的电压表上直接读出电阻率。

如选择 $I=2\pi S$，只要处理好小数点的位置，数字电压表上显示的 $U=\rho$。当 $F_{sp}=1.00$ 时，如：$S=1$mm 时，可选择 $I=62.8$mA 或 $I=6.28$mA；$S=1.59$mm 时，可选 $I=100.0$mA 或 $I=10.00$mA。

样块厚度小于 4 倍探针间距的样片电阻率为

$$\rho=\frac{U}{I}F_{(w/S)}F_{(S/D)}F_{sp}F_t \tag{1.2}$$

式中　U——电压的读数，mV；

$\quad\quad I$——电流的读数，mA；

$\quad\quad W$——被测样片的厚度值，cm；

$\quad F_{(w/S)}$——厚度修正系数，数值见表 1.1；

$\quad F_{(S/D)}$——直径修正系数，数值见表 1.2；

$\quad\quad F_{sp}$——探针间距修正系数；

$\quad\quad F_t$——温度修正系数，数值见表 1.3。

表 1.1　　　　　　　　　　　　厚度修正系数 $F_{(w/S)}$ 计算表

W/S	$F_{(w/S)}$	W/S	$F_{(w/S)}$	W/S	$F_{(w/S)}$	W/S	$F_{(w/S)}$
0.40	0.9993	0.60	0.9920	0.80	0.9664	1.0	0.921
0.41	0.9992	0.61	0.9912	0.81	0.9645	1.2	0.864
0.42	0.9990	0.62	0.9903	0.82	0.9627	1.4	0.803
0.43	0.9989	0.63	0.9894	0.83	0.9608	1.6	0.742
0.44	0.9987	0.64	0.9885	0.84	0.9588	1.8	0.685
0.45	0.9986	0.65	0.9875	0.85	0.9566	2.0	0.634
0.46	0.9984	0.66	0.9865	0.86	0.9547	2.2	0.587
0.47	0.9981	0.67	0.9853	0.87	0.9526	2.4	0.546
0.48	0.9978	0.68	0.9842	0.88	0.9505	2.6	0.510
0.49	0.9976	0.69	0.9830	0.89	0.9483	2.8	0.477
0.50	0.9975	0.70	0.9818	0.90	0.9460	3.0	0.448
0.51	0.9971	0.71	0.9804	0.91	0.9438	3.2	0.422
0.52	0.9967	0.72	0.9791	0.92	0.9414	3.4	0.399
0.53	0.9962	0.73	0.9777	0.93	0.9391	3.6	0.378
0.54	0.9958	0.74	0.9762	0.94	0.9367	3.8	0.359
0.55	0.9953	0.75	0.9747	0.95	0.9343	4.0	0.342
0.56	0.9947	0.76	0.9731	0.96	0.9318		
0.57	0.9941	0.77	0.9715	0.97	0.9293		
0.58	0.9934	0.78	0.9699	0.98	0.9263		
0.59	0.9927	0.79	0.9681	0.99	0.9242		

注　厚度修正系数 $F_{(w/S)}$ 为圆片厚度 W 与探针间距 S 之比的函数。

表 1.2　　　　　　　　　　　　**直径修正系数 $F_{(S/D)}$ 计算表**

S/D	$F(S/D)$	S/D	$F(S/D)$
0	4.532	0.055	4.417
0.005	4.531	0.060	4.395
0.010	4.528	0.065	4.372
0.015	4.524	0.070	4.348
0.020	4.517	0.075	4.322
0.025	4.508	0.080	4.294
0.030	4.497	0.085	4.265
0.035	4.485	0.090	4.235
0.040	4.470	0.095	4.204
0.045	4.454	0.100	4.171
0.050	4.436		

注　直径修正系数 $F_{(S/D)}$ 为探针间距 S 与圆片直径 D 之比的函数。

表 1.3　　　　　　　　　　　　**温 度 修 正 系 数 表**

温度 F_T/℃	标称电阻率/(Ω·cm)									
	0.005	0.01	0.1	1	5	10	25	75	180	250/500/1000
10	0.9768	0.9969	0.9550	0.9097	0.9010	0.9010	0.9020	0.9012	0.9006	0.8921
12	0.9803	0.9970	0.9617	0.9232	0.9157	0.9140	0.9138	0.9138	0.9140	0.9087
14	0.9838	0.9972	0.9680	0.9370	0.9302	0.9290	0.9275	0.9275	0.9278	0.9253
16	0.9873	0.9975	0.9747	0.9502	0.9450	0.9440	0.9422	0.9425	0.9428	0.9419
18	0.9908	0.9984	0.9815	0.9635	0.9600	0.9596	0.9582	0.9580	0.9582	0.9585
20	0.9943	0.9986	0.9890	0.9785	0.9760	0.9758	0.9748	0.9750	0.9750	0.9751
22	0.9982	0.9999	0.9962	0.9927	0.9920	0.9920	0.9915	0.9920	0.9922	0.9919
23	1.0000	1.0000	1.0000	1.0000	1.0000	1.0000	1.0000	1.0000	1.0000	1.0000
24	1.0016	1.0003	1.0037	1.0075	1.0080	1.0080	1.0078	1.0080	1.0082	1.0083
26	1.0045	1.0009	1.0107	1.0222	1.0240	1.0248	1.0248	1.0251	1.0252	1.0249
28	1.0086	1.0016	1.0187	1.0365	1.0400	1.0410	1.0440	1.0428	1.0414	1.0415
30	1.0121	1.0028	1.0252	1.0524	1.0570	1.0606	1.0600	1.0610	1.0612	1.0581

注　温度修正系数表的数据来源于中国计量科学研究院。

为方便用户直接从数字表上读出硅片电阻率，可设定 $I = WF_{(W/S)} F_{(S/D)}$，则 $\rho = UF_{sp}F_t$，这样就可预先计算出不同厚度样快的 I，本仪器说明书附有硅片厚度直读电流选择表，只要按照样品厚度选择电流，即可从数字表上直接读出硅片电阻率。

3. 实验设备

四探针测定仪、标准样片。

4. 实验步骤

（1）面板各参数选择。仪器除电源开关在后面板外其他控制部分均安装在前面板上，前面板的左边集中了所有与电流测量有关的显示和控制部分，"电流表"显示各挡电流值，"电流选择"按钮供电流选用，220V交流电电源接通后仪器自动选择在常用的1.0mA挡，此时"1.0"上方的红色指示灯亮，随着选择开关的按动，指示灯在不同的挡位亮起，直至选到合适挡位为止。打开"恒流源"按钮，上方指示灯亮，电流表显示电流值，调节"粗调"旋钮使前三位数达到目标值，再调节"细调"旋钮使后两位数达到目标值，这样就完成了电流调节工作。面板的右边集中了所有与电压测量有关的控制部件，"电压表"显示各挡（电阻率/方阻手动/自动）的正向、反向电压测量值。"电阻率/方阻"键必须选择正确，否则测量值会相差10倍；同样"手动/自动"挡也必须选择正确，否则仪器将拒绝工作。

后面板上主要安装电缆插座，安装时请注意插头与插座的对位标志。因为在背后容易漏插，松动时不易被发现，所以安装必须插全、插牢。

（2）使用仪器前将电源线、测试架连接线、主机与微控制器的连接线连接好，并注意测试架上是否已接好探针头。电源线接入220V交流电后，开启后背板上的电源开关，此时前面板上的数字表、发光二极管都会亮起来。探针头压在被测单晶上，打开"恒流源"开关，"电流表"显示从探针1、探针4流入单晶的测量电流，"电压表"显示电阻率（测单晶锭时）或探针2与探针3间的电位差。电流大小通过旋转前面板左下方的"粗调""细调"旋钮加以调节，其他"正测/反测"开关，"电阻率/方阻"选择，"自动/手动"测量都通过前面板上可自锁的按钮开关控制。

（3）仪器测量电流分五挡，即0.01mA（10μA）、0.1mA（100μA）、1mA、10mA、100mA，读数方法如下："电流表"显示1.0000时为本挡满挡电流，在0.01mA挡显示1.0000，表示电流为0.01mA×1.0000＝0.01mA；在0.01mA挡显示0.6282，表示电流为0.01mA×0.6282＝0.006282mA。

（4）根据计算公式手动进行精确计算时，仪器"电压表"读数方法为：如"电压表"显示01000（忽略小数点），则电压读数为10.00mV，即当选择不同挡位进行测量时，不论小数点移动到哪里，读取电压值时小数点相当于固定在000.00处。

根据《硅、锗单晶电阻率测定直排四探针法》（GB/T 1552—1995），不同电阻率硅试样所需要的电流值见表1.4。

表1.4　　　　　　　　　　　不同电阻率硅试样所需电流值

电阻率/($\Omega \cdot cm$)	电流/mA	推荐的硅片测量电流值
<0.03	≤100	100
0.03～0.3	<100	25
0.3～3	≤10	2.5
3～30	≤1	0.25
30～300	≤0.1	0.025
300～3000	≤0.01	0.0025

根据《用单型程序直列式四点探针法测定硅外延层、扩散层、多晶硅层和离子注入层的薄膜电阻的标准试验方法》（ASTM F374—2002）测量方块电阻所需要的电流值见

表 1.5。

表 1.5　　　　　　　　　　标准方法测量方块电阻所需电流值

方块电阻/Ω	电流/mA	方块电阻/Ω	电流/mA
2.0～25	10	200～2500	0.1
20～250	1	2000～25000	0.01

（5）"恒流源"开关是在发现探针带电压接触被测材料影响测量数据（或材料性能）时使用的，即先让探针头压触在被测材料上，然后开"恒流源"开关，避免接触瞬间打火。为了提高工作效率，如探针带电压接触单晶，并对材料及测量并无影响时，"恒流源"开关可一直处于开的状态。

（6）"正测/反测"开关只有在手动状态下才能人工操作，在自动状态下连接其他测量系统时使用，因此在手动状态下"正测/反测"开关不起作用时，先检查"手动/自动"开关是否处于"手动"状态。相反在使用数据处理器测量材料电阻率时，仪器必须处于"自动"状态，否则其他测量系统无法正常工作。

（7）在使用其他测量系统时，必须严格按照使用说明操作，应特别注意输入数据的单位。

5. 注意事项

（1）在使用标准样品进行校准时，不能直接用手取出标准样品，必须戴手套取样品。

（2）测量电阻率时，必须针对同一样品不同位置多次测试电阻率，最终结果取平均值。

学　院＿＿＿＿＿＿＿　　　　　　　　　　专　业＿＿＿＿＿＿

班　级＿＿＿＿＿＿　　　姓　名＿＿＿＿＿＿　　学　号＿＿＿＿＿＿

单晶硅电阻率的测量实验报告

1. 实验目的

2. 实验原理

3. 实验方法

4. 实验结果

硅块、硅片测量数据

被测样品厚度为 _____

序号	探针间距 S/mm	电流 I/A	电压 U/V	电阻率 $\rho/(\Omega\cdot\text{m})$

方块电阻测量数据

序号	探针间距 S/mm	电流 I/A	电压 U/V	电阻率 $\rho/(\Omega\cdot\text{m})$

1.2 非平衡少数载流子寿命测试

1. 实验目的

掌握少数载流子寿命的测试方法与原理。

掌握高频光电导衰减法少子寿命测试设备的使用方法。

2. 实验原理

少数载流子寿命高频光电导衰减法测量电路示意图如图 1.5 所示。

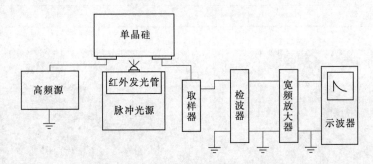

图 1.5 少数载流子寿命高频光电导衰减法测量电路示意图

单晶硅样品被光照射时产生了新的光生电子—空穴对。对于 N 型样品空穴即为少数载流子；对于 P 型样品电子即为少数载流子。光熄灭后，这些光生载流子被体内重金属杂质形成的深能级所捕获，同时被表面缺陷中心复合。在复合过程中少数载流子的减少起最主要的作用，随着光生载流子的减少，高频源流过样品的电流减小，在取样器上得到的光电导电压按指数方式衰减，如图 1.6 所示。在图 1.6 中，$U_1 = U_0 e^{-\frac{t_1}{\tau}}$，$U_2 = U_0 e^{-\frac{t_2}{\tau}}$，则

$$\ln U_1 = \ln U_0 - \frac{t_1}{\tau}, \ln U_2 = \ln U_0 - \frac{t_2}{\tau}$$

式中 τ——时间变量。

则

$$\ln U_1 - \ln U_2 = -\frac{t_1}{\tau} + \frac{t_2}{\tau}, \ln \frac{U_1}{U_2} = \frac{t_2 - t_1}{\tau}$$

令

$$U_2 = \frac{U_1}{e}$$

得

$$\ln \frac{U_1}{U_2} = \ln \frac{U_1}{\dfrac{U_1}{e}} = \frac{t_2 - t_1}{\tau} = \ln e$$

即

$$\tau = t_2 - t_1$$

式中 e——$t_1 \sim t_2$ 内迁移的电子量。

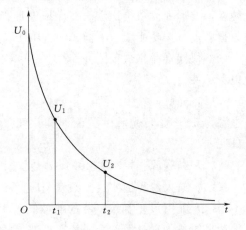

图 1.6 光电导电图

选择 CURSORS 光标模式手动测量，进入手动测量界面，寿命读数可从表 1.3 中选择光标起止位置进行测量，测量时将波形大小调为 6 格（请根据垂直系统微调将信号调至 6 格），按照 6 格计算起止光标位置，见表 1.6，波形如图 1.7 所示。

表 1.6　　　　　　　　　　　　　　　起 止 光 标 位 置

序号	起 止 值		时间间隔所对应的寿命	光标 CurA /格	光标 CurB /格
	U_1	U_2			
1	$80\%U_0$	$29.4\%U_0$	当存在陷阱效应时，再根据头部表面复合的大小选择这三挡测体的寿命	4.8	1.8
2	$70\%U_0$	$25.8\%U_0$		4.2	1.6
3	$60\%U_0$	$22.1\%U_0$		3.6	1.3
4	$50\%U_0$	$18.4\%U_0$	基模寿命	3	1.1
5	$40\%U_0$	$14.7\%U_0$	体复合寿命	2.4	0.9
6	$30\%U_0$	$11.0\%U_0$	τ_{e2} （$1/e^2$ 寿命）	1.8	0.7

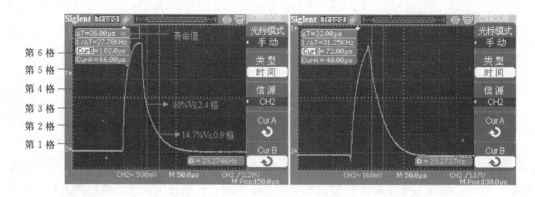

图 1.7　波形图

选择的寿命值建议取在光电导电压 U_0 从 40% 衰减到 14.7% 的时间段。

数字示波器可以取信号的叠加平均值，可以显著降低噪声，提升波形质量。平均次数越多，波形和读数越稳定。在保证波形稳定的情况下，为了提高测量速度一般读取 32 次数据即可。按功能键"采样 ACQUIRE"即可选获取方式为平均。

本仪器寿命测试范围为 $5\sim10000\mu s$，按测量标准对仪器设备的要求，本仪器设备配有以下部件：

（1）光脉冲发生装置。主要参数为：重复频率大于 25 次/s，脉宽不小于 $60\mu s$，脉冲电源为 $5\sim20A$，光脉冲关断时间小于 $2\mu s$，红外光源波长为 $1.06\sim1.09\mu m$（测量单晶硅）。

（2）高频源。频率为 30MHz，低输出阻抗，输出功率大于 1W。

（3）放大器和检波器。频率响应为 $2\sim2MHz$。

（4）配用示波器。频带宽度不低于 10MHz，Y 轴增益及扫描速度均应连续可调，如果测量锗单晶寿命需另行配置适当波长的光源。

（5）仪器配有两种光源电极台，既可测量纵向放置的单晶硅寿命，也可测量竖放单晶硅横截面的寿命。

3. 实验设备

数字式硅晶少数载流子寿命测试仪、数字示波器。

4. 实验步骤

（1）少数载流子寿命测试仪的使用。

1）检查电源开关及连接线路。仪器面板图如图 1.8 所示。开机前检查电源开关是否处于关断状态："0"在高位——开态，"1"在高位——关态。在少数载流子寿命测试仪（简称寿命测试仪）信号调节端与示波器通道 1（CH1）之间，用随机配置的信号线连接。拧紧寿命测试仪背板的保险管帽，插好电源线。

图 1.8　少数载流子寿命测试仪面板图

2）开启寿命测试仪电源开关。按下电源开关"1"，此时"1"处于低位，"0"处于高位，开关指示灯亮。先在铍青铜电极尖端点两滴自来水，然后将单晶硅放在电极上准备测量。

3）开启脉冲光源开关。光脉冲发生装置为双电源供电，先按下光源开关"1"，寿命测试仪内脉冲发生器开始工作。再顺时针方向拧响带开关电位器（光强调节），此时光强指示数字表在延时 10s 左右（储能电容完成充电）数值上升。测量数千欧姆·厘米的高阻单晶硅时，光强电压只要用到 5V 左右；测量数十欧姆·厘米的单晶硅可将电压加到 10V 左右；测量几欧姆·厘米的单晶硅可将电压加到 15V 左右。光强调节电位器顺时针方向旋转，脉冲光源工作电压升高，光强增强，最高可调到 20V，此时流经发光管的电流高达 20A，因此不能在此条件下长期工作。

4）设备预热。寿命测试仪电源开关在开启瞬间，由于机内储能电容、滤波电容均处于充电状态，是一个不稳定的过程，因此示波屏上会出现短时杂乱不稳的波形。待充电完成后示波屏上出现一条较细的水平线时，寿命测试仪才进入工作状态。因此使用前请开机预热 2~3min。更换单晶硅测量时无需再开关仪器。

5）批量测试时，当发现信号不佳时，请先考虑补充 2 个金属电极尖端的水滴，但注意水滴不要流入出光孔。

6）长期使用后，铍青铜会氧化变黑，此时如果加水也不能改善信号波形，请用金相砂纸（或细砂纸）打磨发黑部分，并将擦下的黑灰用酒精棉签擦净。

（2）数字示波器的使用。数字示波器实物图如图 1.9 所示。

1）将寿命测试仪主机信号线接入 Y 通道 2 高频插座，按示波器顶盖电源开关。检查CURSORS（光标）、通道 2、RUN/STOP 3 个绿灯是否亮。如有缺亮的灯，请按相应按键。RUR/SOTP 灯红色时为停止，绿色才能运转。

2）数字示波器前面板部分操作。

a. 垂直系统。垂直通道电压灵敏度由通道 2 上方的大旋钮控制，按下一次为粗调（步

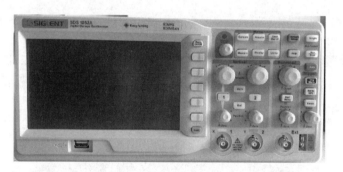

图 1.9　示波器实物图

进），再按下一次为细调。注意网络下方左边通道 2/V 的变化，此数代表每分格（8.9mm）的电压值。低阻单晶硅通道 2/V 后面数字常用在 20mv/div、50mv/div、100mv/div 挡。通道 2 下面的小旋钮控制波形在显示屏的上、下位置，若在调节波形垂直大小时波形失显，则按一下垂直系统的小旋钮让其归零或调节触发电平即可重新显示。

b. 水平系统。大旋钮调节扫描速度时，请注意屏幕网络下方的 $M = \times \times \mu s$，它表示每分格代表的扫描时间，一般选 M 值与单晶硅寿命相近，低阻单晶硅选 $M = 10\mu s$、$25\mu s$、$50\mu s$。（注：大旋钮只有扫描速度的步进调节功能，没有细调功能。此旋钮按一下出现两条直线将指定部位波形放大，再按一下出现放大后的波形，再按一下则还原，仅是放大波形，以便于观察细节，并无实际的调节功能。）

小旋钮控制波形在屏幕上的左、右位置，调节时请缓慢旋转，因为调节扫描速度时波形也可能跳到屏幕显示之外，此时按一下小旋钮波形就会回到显示屏中间位置。

c. 同步系统。由于寿命测试仪信号线接入通道 2，因此只能选通道 2 为触发信源，不能选通道 1 或脉冲、视频等。触发类型选上升边沿。触发方式为自动或在波形不稳时选单次。耦合设置一般选"交流"或（在波形漂动时）"低频抑制"，特长寿命（＞1ms）测量选"直流"。此时旋转触发电平，会出现一条水平亮线，通过旋转可上、下移动，当亮线移至波形要出现的位置时，波形将稳定出现。设置完成后关闭电源，示波器将自动保存设置，下次开机即可直接使用。蓝色 AUTO 为自动设置键，按下则恢复出厂设置，若无意按下，需按要求重新设置。

（3）示波器的基本设置及使用方法。为更快掌握示波器的使用方法，现列出其基本设置、调试方法及注意事项如下：

a. 首先打开示波器顶端的电源开关，选择所使用的通道 1 或通道 2。如选通道 2，则按下相应的按钮，选好后按钮会发绿光，注意此时要保证其他 3 个按钮在未选状态，其中右边的两个旋钮为通道 2 的 Volt/div 旋钮和垂直 POSITON 旋钮；S/div 为水平控制，用于改变扫描时间刻度，以便在水平方向放大或缩小波形。

b. 选好通道以后进行基本参数设置，其中设置菜单均在屏幕右边，并使用旁边对应的 5 个蓝色按钮来选择要设置的项。进入二级菜单时使用万能旋钮，通过旋转使光标锁定在所需项，这时按下万能旋钮来确定，再查看所选项是否正确，操作步骤如下：

a）若选用通道 2，在参数设置中耦合选为"交流"、带宽限制选为"开启"、反相选为"关闭"、数字滤波选为"关闭"，其他不需特别设置。

b）点击 TRIG MENU 按钮，屏幕右边出现一列菜单，其中触发类型选为边沿、信源选为通道 2，触发方式为自动，斜率选第一项。

c）点击 DISPLAY 按钮，菜单中类型为"矢量"、持续选为"关闭"、格式为"YT"、屏幕选择"反相"时其背景色为白色，如果要打印波形，建议选择反相，可节省墨量；菜单显示无限、界面方案可根据喜欢的颜色来选择。

d）UTILITY 设置，即设置打印方式。注意：后 USB 口选为打印机，打印设置中的打印钮设为打印图像，其他可根据情况自行设定。

e）点击 ACQUIRE 按钮，其中获取方式为平均值，平均次数有 4、16、32、64、128、256 6 种选择。一般情况下建议使用 32 次，数值越大波形越稳定，测量值越精确；但次数越大波形达到稳定的时间越长，需要等待几秒钟。Sinx/x 选择开启，采样方式为实时采样。

f）点击 CURSORS 光标，模式为手动测量。在手动测量菜单里，类型选择"时间"，信源选择通道 2；通过调整光标 CurA、CurB 来调整取值范围，两条光标之间的部分为所取寿命范围，左上角的 △T 为寿命值。

c. 调节波形。通过旋转水平 Volt/div 及垂直 S/div 旋钮来调节波形的大小。其中 Volt/div 分为粗调和细调，按一下旋钮则变为细调状态，再按一下即可恢复粗调。当信号波形闪烁不稳定时可调触发电平来改善波形，按下触发电平旋钮，屏幕最左边的"2→（通道 2 信号）"将和"T→（触发电平）"重合，此时旋转触发电平使其"T→白线"位于波形范围内。

学　院＿＿＿＿＿＿　　　　　　　专　业＿＿＿＿＿＿
班　级＿＿＿＿＿＿　　　姓　名＿＿＿＿＿＿　　　学　号＿＿＿＿＿＿

非平衡少数载流子寿命测试实验报告

1. 实验目的

2. 实验原理

3. 实验方法

4. 实验结果

（1）请绘制出标准单晶硅样品的少数载流子寿命波形曲线。

（2）请绘制出标准多晶硅样品的少数载流子寿命波形曲线。

（3）请绘制出自有多晶硅样品的少数载流子寿命波形曲线。

（4）请简述单晶硅和多晶硅样品在少数载流子测量结果上的差异表现，并对原因进行简要分析。

1.3 单晶硅中旋涡缺陷的检测*

1. 实验目的

掌握单晶硅中漩涡缺陷的检测方法。

掌握单晶硅中漩涡缺陷的表现形态。

掌握金相显微镜的使用方法。

掌握单晶硅样品缺陷密度的计算方法。

2. 实验原理

在单晶硅样品中，热缺陷中的空位、填隙原子以及化学杂质在一定条件下会出现饱和状况，进而凝聚成点缺陷团，此类缺陷称为微缺陷。旋涡状微缺陷也称为漩涡缺陷。

漩涡缺陷可以通过择优腐蚀显示。在单晶硅硅棒截面，晶面呈旋涡状的三角形浅底腐蚀坑，并靠近生长条纹的即为漩涡缺陷。

通过金相显微镜对单晶硅硅片进行金相分析，可以查看漩涡缺陷的分布情况。

3. 实验设备

(1) 金相显微镜。金相显微镜具有 X-Y 机械载物台及载物台测微计，放大倍数不低于 100 倍。

(2) 平行光源。照度为 100~150lx，观察背景为无光泽黑色。

(3) 氧化炉。要求热循环能在炉管中央部位有不小于 300mm 长的恒温区，并在恒温区保持温度在 1000~1200℃，控温误差为 ±10℃。

(4) 气源。能提供足够的干氧、湿氧或水汽。

(5) 试样舟。试样舟包括石英舟和硅舟。

(6) 推拉棒。推拉棒是带有小钩的石英棒。

(7) 氟塑料花篮。

(8) 试样与材料。包括：三氧化铬；氢氟酸（42%），优级纯；硝酸（1.4g/mL），优级纯；氨水（0.90g/mL），优级纯；盐酸（1.18g/mL），优级纯；乙酸（1.05g/mL），优级纯；过氧化氢（30%），优级纯；高纯水，25℃时的电阻率大于 10mΩ·cm；清水液 1#，水：氨水：过氧化氢＝4:1:1(V/V)；清水液 2#，水：盐酸：过氧化氢＝4:1:1 (V/V)；化学抛光液采用表 1.7 中的 4 种配方之一；铬酸溶液 B，称取 75g 三氧化铬于烧杯中，加水溶解后移入 1000mL 容量瓶中，用水稀释至刻度，混匀；腐蚀液 A，铬酸溶液 B：氢氟酸＝1:2(V/V)，使用前配制；腐蚀液 B，铬酸溶液 B：氢氟酸：水＝1:2:1.5 (V/V)，使用前配制；研磨材料采用 W20、W10 碳化硅或氧化铝金刚砂。

4. 实验步骤

(1) 试样的制备。对于单晶硅锭，用于检测的试样应取自接近头尾切除部分的保留晶体，或在供需双方指定的部位切取试样，厚度为 1~3mm；切得的试样经金刚磨砂研磨，用化学抛光液抛光或机械抛光，充分去除切割损伤；试样待测面应呈镜面，要求表面无浅坑、无氧化、无划痕。

表 1.7　　　　　　　　　　　　　　　**4 种常用抛光液配方**

配　方	体积比（V/V）			配　方	体积比（V/V）		
	硝酸	氢氟酸	乙酸		硝酸	氢氟酸	乙酸
A	6	1	1	C	5	10	14
B	5	3	3	D	3～6	1	

（2）清洗各实验设备。

1）试样和氧化系统的清洗处理步骤。先把试样放入氟塑料花篮，使试样相互隔离；在足够的清洗液 1# 中，在 80～90℃ 温度下煮 10～15min，用水洗至中性；在氢氟酸中浸泡 2min，用水冲洗至中性；清洗后的试样用经过干燥过滤的氮气吹干，或用适当的方法使试样干燥。

2）氧化系统和器皿的清洗处理步骤。炉管、试样舟、气源装置等用 1 个体积氢氟酸和 10 个体积水的混合液浸泡 2h，并用水冲洗干净；氧化系统在 1000～1200℃ 温度下预处理 5～10h。

3）氧化方法。把清洗干净并干燥的试样装入试样舟放在炉口处，按表 1.8 的步骤把试样舟推至恒温区中央；完成表 1.8 的热循环以后，把试样舟移到洁净的通风柜内降至室温。

表 1.8　　　　　　　　　　　　　　　**氧 化 的 操 作 步 骤**

氧化步骤	参　数	样品	金属氧化物半导体	非金属氧化物半导体
推	气氛	干的氧气	干的氧气	干的氧气
	温度/℃	800	1000	900
	速率/(nm·min⁻¹)	203	203	203
升温	气氛	干的氧气		干的氧气
	速率/(℃·min⁻¹)	5	无	8
	最后温度/℃	1100		1200
氧化	气氛	湿	湿	湿
	温度/℃	1100	1000	1200
	时间/min	60	60	120
降温	气氛	干的氧气		干的氧气
	速率/(℃·min⁻¹)	3.5	无	3.5
	最后温度/℃	800		900
拉	气氛	干的氧气	干的氧气	干的氧气
	温度/℃	800	1000	900
	速率/(nm·min⁻¹)	203	203	203

（3）缺陷的腐蚀显示。把试样移到氟塑料花篮中，用足量的氢氟酸浸泡试样 2～3min。清洗后，用缺陷腐蚀液进行腐蚀显示，对电阻率不小于 $0.2\Omega\cdot cm$ 的试样，使用腐蚀液 A；对电阻率小于 $0.2\Omega\cdot cm$ 的试样，使用腐蚀液 B。使腐蚀液面高出花篮中试样顶

部 4cm，腐蚀过程中应连续不断地晃动花篮，腐蚀时间为 2~5min；最后将试样充分洗干净并进行干燥。

（4）缺陷观测。在无光泽黑色背景平行光下，肉眼观察试样上缺陷的宏观特征；在金相显微镜下观察缺陷的微观特征。测点选取，在两条与主参考面不相交的相互垂直的直径上取 9 点，选点位置如图 1.10 所示，即边缘区 4 点（边缘取点位置见表 1.9），R/2 处取 4 点，中心处 1 点，共 9 个点，以 9 点平均值报数。

显微镜视场面积的选取。当缺陷密度不大于 1×10^4 个/cm^2 时，取 1mm^2；当缺陷密度大于 1×10^4 个/cm^2 时，取 0.2mm^2。

（5）检测结果的计算。缺陷密度计算公式为

$$N = \frac{n}{s} \tag{1.3}$$

式中　N——缺陷密度，个/cm^2；

　　　n——视场内缺陷蚀坑数，个；

　　　S——视场面积，cm^2。

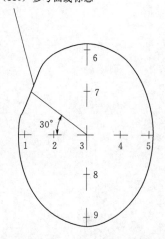

图 1.10　选点位置
1，5，6，9—边缘取点；2，4，7，
8—R/2 处取点；3—中心处取点

表 1.9	边 缘 选 点 位 置 表		单位：mm
直径	距样品横截面边缘（互相垂直的直径上）	直径	距样品横截面边缘（互相垂直的直径上）
38	3.1	76	5.4
50	3.8	100	6.8
51	3.9	125	8.3
63	4.6	150	9.8
75	5.3		

学　院＿＿＿＿＿＿＿　　　　　　　专　业＿＿＿＿＿＿＿

班　级＿＿＿＿＿＿＿　　　姓　名＿＿＿＿＿＿＿　　学　号＿＿＿＿＿＿＿

单晶硅中漩涡缺陷的检测实验报告

1. 实验目的

2. 实验原理

3. 实验方法

4. 实验结果

绘制出样品漩涡缺陷的分布图。

1.4　红外吸收法测定单晶硅中的碳含量

1. 实验目的

了解单晶硅中碳含量的测试方法。

掌握红外光谱仪的使用方法。

掌握光谱分析的数据判别与分析。

2. 实验原理

利用硅中代位碳原子在波数为 $607.2cm^{-1}$（$16.47\mu m$）处的红外吸收峰的吸收系数来确定代位碳原子浓度。

3. 实验设备

（1）红外光谱仪。光谱范围为 $700\sim550cm^{-1}$（$14\sim18\mu m$），室温下 $607.2cm^{-1}$ 的碳吸收峰处的分辨率必须小于 $2cm^{-1}$；在 77K 时，偏移到波数为 $607.5cm^{-1}$ 处吸收带的分辨率应不超过 $1cm^{-1}$。

（2）厚度测量仪。精度为 $0.0025mm$。

（3）被测试样架和参比样品架。被测试样架和参比样品架应能避免任何绕过样品的红外辐射。

（4）低温恒温器及合适的窗口材料。低温恒温器及合适的窗口材料应能使试样和参比样品温度保持在 77K。

4. 实验步骤

（1）制备。由于碳的分凝系数小于 1，单晶硅尾部的碳浓度较高，测碳试样应从单晶硅尾部取样，以测得单晶硅的最高碳浓度。参比样品须从代位碳原子浓度小于 $1\times10^{15}cm^{-3}$ 的硅片中选取；测试样品和参比样品的载流子浓度应小于 $5\times10^{16}cm^{-3}$（室温电阻率大于 $0.1\Omega\cdot cm$）。若无其他规定，一般以硅片中心为测量区。如要将硅片加工成小片，小片中心应为原片中心并保证有足够的表面积，以避免入射光绕过试样。测试样品和参比样品应经双面研磨，然后抛光至 2mm 厚或更薄，测量区的厚度变化不超过 0.005mm，测试样品与参比样品的厚度差应小于 0.01mm。

（2）测量。首先调试好红外光谱仪，测定试样在 $550\sim700cm^{-1}$（$14\sim18\mu m$）范围的差示透射谱。为获得可靠的结果，半值宽度应不大于 $6cm^{-1}$，否则应使用较慢的扫描速度或用较长的测量时间。重新检查红外光谱仪的工作状态，绘制基线。

（3）测量结果计算。吸收系数 α 的计算公式为

$$\alpha = \frac{1}{d}\ln\frac{T_0}{T} \tag{1.4}$$

式中　α——吸收系数，cm^{-1}；

　　　d——试样厚度，cm；

　　　T_0——峰值吸收处（室温波数为 $607.2cm^{-1}$，77K 波数为 $607.5cm^{-1}$）基线透过率，%；

　　　T——峰值透过率，%。

代位碳原子浓度 $N_{[C]}$ 为

300K 时

$$N = 1.0 \times 10^{17} \alpha \text{ 个/cm}^3 \tag{1.5}$$

$$N = 2.0 \alpha \times 10^{-6} \tag{1.6}$$

77K 时

$$N = 4.5 \times 10^{16} \alpha \text{ 个/cm}^3 \tag{1.7}$$

$$N = 0.90 \alpha \times 10^{-6} \tag{1.8}$$

红外吸收法测定单晶硅中的碳含量实验报告

1. 实验目的

2. 实验原理

3. 实验方法

4. 实验结果

（1）利用红外吸收法测定单晶硅中的碳含量数据。

序号	试样及参比样品的 编号及厚度	测量温度 （室温或77K）	半值宽度及计算的 吸收系数	代位碳原子浓度

（2）简要分析使用红外吸收法测定单晶硅中碳含量的影响因素。

1.5 红外吸收法测定单晶硅中的氧含量

1. 实验目的

了解单晶硅中氧含量的测试方法。

掌握傅里叶变换红外光谱仪的使用方法及数据判别。

掌握参比光谱的比对方法。

2. 实验原理

使用经过校准的红外光谱仪和适当的参比材料，通过参比法可以获得双面抛光含氧硅片的红外透射谱图。光氧参比样品的厚度应尽可能与测试样品的厚度一致，以便消除由硅晶格振动引起的对红外谱线吸收的影响。利用 $1107cm^{-1}$ 处硅、氧吸收谱带的吸收系数可以计算硅片间隙的氧浓度。

3. 实验设备

(1) 红外光谱仪。傅里叶变换红外光谱仪的分辨率应达到 $4cm^{-1}$ 或更好，色散型光谱仪的分辨率应达到 $5cm^{-1}$ 或更好。

(2) 样品架。如果测试样品较小，则应将它安放到一个有小孔的架子上，以阻止任何红外光线从样品的旁路通过。样品应垂直或基本垂直于红外光束的轴线方向。

(3) 千分尺。千分尺或其他适用于样品厚度测量的设备，误差小于 $\pm0.2\%$。

(4) 热电偶—毫伏计。热电偶—毫伏计或其他适用于测试期间对样品温度进行测量的测量系统。

4. 实验步骤

(1) 试样制备。本方法中样品的厚度范围为 $0.04\sim0.4cm$。切取单晶硅样片，样片经双面研磨、抛光后用千分尺或其他设备测量其厚度。加工后样片的两个面应尽可能平行，所成角度小于 $5°$，其厚度差应不大于 0.5%，表面平整度应小于所测杂质谱带最大吸收处渡长的 $1/4$；样品表面不应有氧化层。因为本测试方法包含不同生产工艺的样品，应准备与测试样品相同材质的无氧单品作为参比样品。参比单晶硅的加工精度应与测试样品的加工精度相同，参比样品与测试样品的厚度差不超过 $\pm0.5\%$。

(2) 光谱仪的校准。依照设备说明书，用经过认定的单晶硅中氧含量的标准样品对光谱仪进行校准。

(3) 设备检查。通过测量确定 100% 基线的噪声水平。测量时，双光束光谱仪在样品和参比光路都是空着的情况下记录透射光谱；在样品光路空着的情况下用单光束光谱仪先后两次记录光谱比从而获得透射光谱。画出透射光谱 $900\sim1300cm^{-1}$ 波数范围的 100% 基线，如果在这个范围内基线没有达到（100 ± 5）$\%$，则增加测量时间直到达到为止，如果仍有问题则需要对设备进行维修。

确定 0% 线，将样品光路遮挡，记录 $900\sim1300cm^{-1}$ 波数范围内设备的零点。如果在此范围有较大的非零信号，则要检查设备是否有杂散光投射到探测器上；如果仍有问题则需要对设备进行维修。如需记录光谱仪光通量特性曲线，则必须使用傅里叶变换红外光谱（FT-IR）设备。绘制从 $450\sim4000cm^{-1}$ 波数范围的该单光束光谱图，依照设备说明书对设备进行适当调整后记录下该光谱图，作为今后对设备性能进行评定的参考图谱。当获得的光谱与设备的参考图谱有较大差异时，就要重新调整设备。用空气参考法测量电阻率大于 5Ω·cm 的双面抛光单晶硅薄片从 1600～2000cm^{-1} 波数范围的光谱图，用来检验设备中刻度的线性度。如果这个波数范围内的透过率值不是（53.8±2）%，则需要将样品的放置方向在垂直于入射光的轴线方向上进行调整，倾斜角不超过 10°。

确定光谱的测量时间，将一个电阻率大于 5Ω·m，厚度 0.04～0.065cm，氧含量 6×10^{17}～9×10^{17}个/cm^3 的双面抛光单晶硅薄片通过傅里叶变换红外光谱（FT-1R）设备以 1min 扫描 64 次或色散型设备以某一速度进行扫描，获得记录有全峰高的透射谱图，如果谱图中氧吸收谱带的净振幅 T_{basc}～T_{peak} 与其标准偏差之比未超过 100，则需要增加扫描次数或降低扫描速度，直到达到指标为止。

（4）测量。在测量之前，首先要将包括参比样品在内的所有样品用氢氟酸腐蚀去除表面的氧化物。测量测试样品和参比样品的厚度，两者中心的厚度差应小于±0.2%；如果测试样品和参比样品的厚度差大于±0.5%，则需要另外制作一个适当厚度的参比样品。测量并获取红外透射光谱，必须保证红外光束通过测试样品和参比样品的中心位置。双光束色散型设备通过在参比光路中放置无氧参比样品，在样品光路中放置测试样品获取透射光谱；单光束色散型设备用测试样品光谱与参比样品光谱计算出透射光谱。

（5）绘制透射谱图。绘制从 900～1300cm^{-1} 波数范围的透射谱图。从 900～1300cm^{-1} 画一条直线作为基线，用 900～1000cm^{-1} 和 1200～1300cm^{-1} 范围的平均透过率作为该直线的两个端点。找出 1102～1112cm^{-1} 波数范围内与最低通过率相对应的波数，记录下该波数值（保留 5 位有效数字）W_p。记录最小透过率 T_p，作为吸收峰的峰值透过率。以确定的基线在 W_p 处的值作为基线透过率 T_b。T_p 和 T_b 保留 3 位有效数字。

（6）测量结果计算。峰值吸收系数和基线吸收系数为

$$\alpha_p = -\frac{1}{x}\ln\left[\frac{(0.09-e^{1.70x})+\sqrt{(0.09-e^{1.70x})^2+0.36T_p^2e^{1.70x}}}{0.18T_p}\right] \tag{1.9}$$

$$\alpha_b = -\frac{1}{x}\ln\left[\frac{(0.09-e^{1.70x})+\sqrt{(0.09-e^{1.70x})^2+0.36T_b^2e^{1.70x}}}{0.18T_b}\right] \tag{1.10}$$

式中　α_p——峰值吸收系数，cm^{-1}；

　　　α_b——基准吸收系数，cm^{-1}；

　　　x——样品厚度，cm；

　　　T_p——峰值透过率，%；

　　　T_b——基线透过率，%。

间隙氧的吸收系数 α_0 为

$$\alpha_0 = \alpha_p - \alpha_b \tag{1.11}$$

计算硅片间隙氧浓度 $N_{[O]}$ 时，间隙氧浓度单位由数量换算为含量时，除以 5×10^{16}。

$$N = 3.14 \times 10^{17}\alpha_0.（个/cm^3） \tag{1.12}$$

学　院＿＿＿＿＿＿＿＿＿　　　　专　业＿＿＿＿＿＿＿＿
班　级＿＿＿＿＿＿＿＿　姓　名＿＿＿＿＿＿＿＿　学　号＿＿＿＿＿＿＿＿

红外吸收法测定单晶硅中的氧含量实验报告

1. 实验目的

2. 实验原理

3. 实验方法

4. 实验结果

(1) 绘制出标准测试样品的傅里叶变换红外光谱谱线。

测试样品和参比样品的编号：_____

光谱仪样品室的温度：_____

测试样品和参比样品的厚度：_____

样品光照区域的位置和尺寸：_____

光谱图吸收峰的半高宽：_____

吸收峰的波数 $W_p(cm^{-1})$：_____

间隙氧的吸收系数 $\alpha_0(cm^{-1})$：_____

间隙氧浓度 $N_{[O]}(个/cm^3)$：_____

傅里叶变换红外光谱谱线：

(2) 绘制出自有测试样品的傅里叶变换红外光谱谱线。

测试样品和参比样品的编号：_____

光谱仪样品室的温度：_____

测试样品和参比样品的厚度：_____

样品光照区域的位置和尺寸：_____

光谱图吸收峰的半高宽：_____

吸收峰的波数 $W_p(cm^{-1})$：_____

间隙氧的吸收系数 $\alpha_0(cm^{-1})$：_____

间隙氧浓度 $N_{[O]}(个/cm^3)$：_____

傅里叶变换红外光谱谱线：

第2章 太阳电池实验

2.1 太阳电池的基本特性

太阳电池将太阳能转化为电能有两个必要的步骤。首先，电池吸收光子，产生电子空穴对；然后，半导体器件结构将电子和空穴分开，电子流向负极而空穴流向正极，从而产生电流。上述过程如图2.1所示。图中清楚地描绘了当今市面上主要的商用典型太阳电池的原理。每种电池使用两种示意方法来描绘工作原理。一种示意图展示器件的物理结构以及在能量转换过程中起决定作用的电子的传输过程；另一种示意图则用半导体的能带或分子器件的能级来展示这一过程。

在图2.1（a）所示的晶硅太阳电池中，电池的主要部分为一层厚的P型基区，这里吸收了绝大部分的入射光并产生绝大部分的功率。吸收太阳光之后，少子（电子）扩散到PN结区并被场内建电场扫过PN结区，电功率则在太阳电池正反面的金属电极上收集。图2.1（b）所示为典型的砷化镓太阳电池，由于砷化镓太阳电池表面覆盖了薄GaAlAs钝化膜，因此，该结构也称为异质面结构。GaAlAs"窗口"层防止少子（电子）由发射区到达表面而复合，并能让绝大部分入射光通过而进入发射区，能量的主要部分也在此区域产生。图2.1（c）所示为典型的单结非晶硅太阳电池，其中包含一个本征半导体层并将相邻两个电机的重掺P区和N区分开而形成PIN结，空间电荷区内产生电子和空穴。由于内建电场使电荷分离而提高了收集效率。透明导电氧化物（TCO）的陷光特性有助于减少厚度并降低退化作用。图2.1（d）和图2.1（e）所示分别为基于化合物半导体结构的$Cu(In, Ga)Se_2$和CdTe太阳电池结构。结的前部由宽带隙材料（CdS"窗口"）形成，CdS"窗口"让绝大部分入射太阳光进入吸收层，在这里形成几乎全部的电子空穴对。顶部接触由透明导电氧化物构成。在图2.1（f）所示的点接触太阳电池中，正、负电极可以安装在太阳电池的同一侧，在接近本征半导体处，通常是轻微N型多晶硅的体内产生电子空穴对。采取织构的顶表面和反射式背表面等陷光措施可以加强光的吸收。图2.1（g）、图2.1（h）所示为染料敏化太阳电池模型。其由基态转移到激发态，然后，电子转移到受主，而基态的电子缺失（空穴）则由施主补充，此过程与半导体太阳电池中由价带到导带的过程不同。在染料敏化太阳电池中，电子施主是氧化还原电解液，而TiO_2的导带则起受主的作用。在塑料太阳电池中，施主和受主均由分子材料担当。

1. 理想太阳电池

理想太阳电池的等效电路如图2.2所示。它包含一个电流源和一个并联的整流二极管。

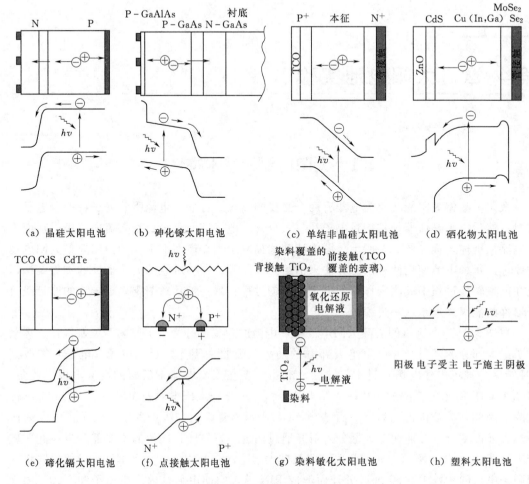

（a）晶硅太阳电池　　（b）砷化镓太阳电池　　　（c）单结非晶硅太阳电池　　（d）硒化物太阳电池

（e）碲化镉太阳电池　（f）点接触太阳电池　　　（g）染料敏化太阳电池　　　（h）塑料太阳电池

图 2.1　典型的太阳电池

相应的伏安特性可由肖克莱（Shockley）太阳电池方程描述，即

$$I = I_{ph} - I_0 (e^{\frac{qV}{k_B T}} - 1) \qquad (2.1)$$

式中　k_B——玻尔兹曼常数；

　　　T——热力学温度；

　　　q——电子电荷；

　　　V——电池两端的电压；

　　　I_0——二极管饱和电流；

　　　I_{ph}——光生电流。

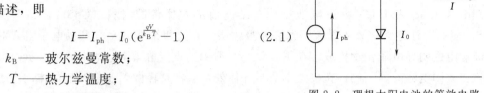

图 2.2　理想太阳电池的等效电路

光生电流 I_{ph} 与入射在电池上的光子通量紧密相关，经常用量子效率或光谱响应来讨论 I_{ph} 与光波长的关系。光生电流通常与施加电场无关，但对单结非晶硅电池和其他某些薄膜材料可能例外。

理想太阳电池的特性如图 2.3 所示。图 2.3 （a）中阴影部分的面积为最大功率点产生的功率。在理想情况下，短路电流 $I_{sc}=I_{ph}$，且开路电压 U_{oc} 为

$$U_{oc}=\frac{k_B T}{q}\ln\left(1+\frac{I_{ph}}{I_0}\right)\qquad(2.2)$$

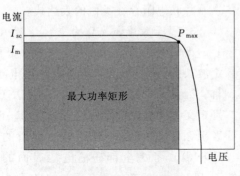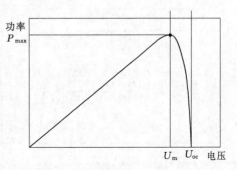

（a）理想太阳电池的伏安特性　　　　　（b）电池产生的功率

图 2.3　理想太阳电池的特性

在图 2.3 （b）中，电压为 U_m、电流为 I_m 时电池产生最大功率 P_{max}，且可以方便地定义填充因子 FF 为

$$FF=\frac{I_m U_m}{I_{sc}U_{oc}}=\frac{P_{max}}{I_{sc}U_{oc}}\qquad(2.3)$$

理想太阳电池的填充因子 FF 将附以下标 0。FF_0 仅与 $U_{oc}/k_B T$ 比值有关。FF_0 可以用精确度相当好的近似式表示为

$$FF_0=\frac{U_{oc}-\ln(U_{oc}+0.72)}{U_{oc}+1}\qquad(2.4)$$

理想太阳电池的伏安特性遵循叠加性原则。将暗态二极管特性沿电流轴移动 I_{ph}，就可以得到太阳电池伏安特性，如图 2.4 所示。

2. 实际太阳电池

实际太阳电池的伏安特性与理想特性通常有区别。为符合实验曲线，常使用一种双二极管模型表示太阳电池结构，其中第 2 个二极管特性的指数项分母中的理想因子为 2。太阳电池可能还包含串联电阻 R_s 和并联（或分流）电阻 R_P。这样，其特性可以表示为

$$I=I_{ph}-I_{01}\left[e^{\frac{U+IR_s}{k_B T}}-1\right]-I_{02}\left[e^{\frac{U+IR_s}{2k_B T}}-1\right]-\frac{U+IR_s}{R_P}$$
$$(2.5)$$

其中，I_{01} 为理想太阳电池的电流，I_{02} 为非理想太阳电池的电流光生电流，I_{ph} 在某些情况下与电压有关系。图 2.5 为第 2 个二极管对太阳电

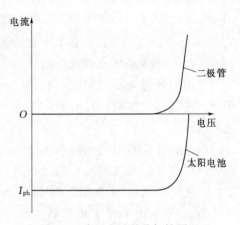

图 2.4　太阳电池的叠加性原理

33

池伏安特性的影响，图 2.6 为串、并联电阻对太阳电池伏安特性的影响。由图 2.7 可以得到这些参数的更多信息。串联电阻对填充因子的影响可表示为

$$FF = FF_0(1 - R_s) \tag{2.6}$$

其中

$$R_s = R_s I_{sc}/U_{oc}$$

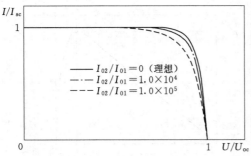

图 2.5　第 2 个二极管对太阳电池伏安特性的影响

并联电阻存在类似的表达式。

3. 量子效率与光谱响应

太阳电池的量子效率定义为一个具有一定波长的入射光子在外电路产生电子的数目。因此，可以将 $EQE(\lambda)$ 和 $IQE(\lambda)$ 分别定义为外量子效率和内量子效率。两者的区别在于如何处理来自电池反射的光子。$EQE(\lambda)$ 考虑全部碰撞电池表面的电子，而 $IQE(\lambda)$ 仅考虑没有反射的光子。

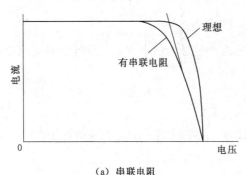

（a）串联电阻　　　　　　　　　（b）并联电阻

图 2.6　电阻对太阳电池伏安特性的影响

如果内量子效率已知，则总光生电流为

$$I_{ph} = q \int \Phi(\lambda)[1 - R(\lambda)]IQE(\lambda)\mathrm{d}\lambda \tag{2.7}$$

式中　q——电子电荷；

$\Phi(\lambda)$——入射在电池上的波长为 λ 的光子通道；

$R(\lambda)$——顶表面的反射系数对被太阳电池吸收的全部波长积分。

使用干涉滤光器或单色仪对内、外量子效率进行常规测量，以衡量一个太阳电池的性能。

以一定波长的单色光照射一个太阳电池时产生的光电流与该波长的光谱辐照度之比，定义为光谱响应，用 $SR(\lambda)$ 表示，单位为 A/W。由于光子数和辐照度相关，所以光谱响应可以用量子效率 $QE(\lambda)$ 来表

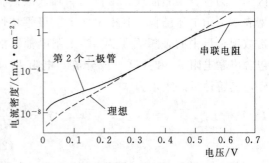

图 2.7　双二极管包含串联电阻模型太阳电池的暗伏安特性

注：分流电阻对第 2 个二极管有类似的效应

示，即

$$SR(\lambda) = \frac{q\lambda}{hc}QE(\lambda) = 0.808\lambda QE(\lambda) \tag{2.8}$$

λ 的单位是 μm。代入不同的量子效率，式（2.8）可以得到相应的内光谱响应和外光谱响应。

2.2　太阳电池伏安特性曲线绘制实验

1. 实验目的

了解并掌握太阳电池的原理。

了解并掌握太阳电池的开路电压及短路电流的概念。

了解并掌握太阳电池伏安特性曲线的测试及绘制，并学会分析太阳电池的伏安特性。

2. 实验原理

太阳电池是以光伏效应为基础的半导体器件。光伏效应是指适当波长的光照到半导体系统上时，系统吸收光能后两端产生光生电动势的现象。以同质 PN 结光伏电池为例 [图 2.8 (a)]，当光照射到 PN 结上时，能量大于该半导体禁带宽度的光子被半导体吸收，光子损失的能量激发半导体价带电子至导带，形成电子空穴对，这些电子空穴对即为光生载

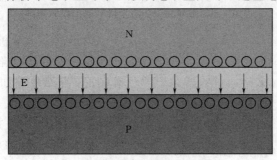

（a）同质 PN 结光伏电池结构示意图

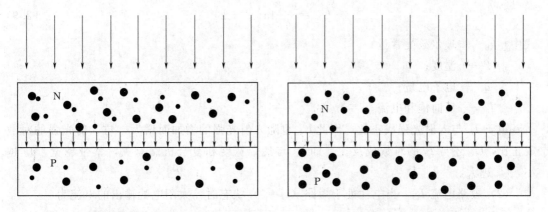

（b）光生载流子产生过程　　　　　（c）光伏效应光子空穴对迁移过程

图 2.8　半导体 PN 结光伏效应原理示意图

流子［图 2.8 （b）］。P(N) 区中的光生载流子对多数载流子的数量影响可以忽略，但是对少数载流子的数量影响很大，光伏电池就是一种少数载流子器件。P(N) 区电子（空穴）或者在 PN 结的势垒区中，或者由于存在的浓度梯度可以扩散到 PN 结势垒区中，从而被势垒区中的内建电场分离并拉向 N(P) 区中。这样在 PN 结的两端电荷积累，使 P 区电势升高，N 区电势降低。已经聚集的电子和空穴会产生光生电场，从而阻止电子、空穴的继续聚集，在稳态下形成光生电动势［图 2.8 （c）］，即产生光伏效应。然后将光照的 PN 结器件加上负载，形成回路，即可产生光生电流，电池开始工作，如图 2.9 所示。

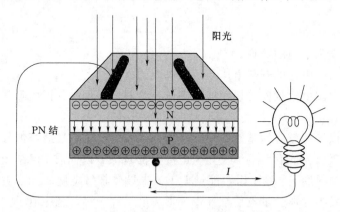

图 2.9　半导体 PN 结光伏电池工作原理图

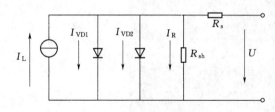

图 2.10　太阳电池的等效电路图

为了进一步分析太阳电池的特点，可以使用一个等效电路来说明太阳电池的工作情况，等效电路如图 2.10 所示。电路由一个理想恒流源 I_L、一个串联电阻 R_s、一个并联电阻 R_{sh} 以及理想因子分别为 1 和 2 的二极管 VD_1 和 VD_2 组成。

表征太阳电池特性的重要参数如下：

（1）开路电压 U_{oc}。当电池处于开路（$I=0$）状态时，太阳电池输出的电压为

$$U_{oc} = \frac{k_B T}{q} \ln\left(\frac{I_L}{I_0} + 1\right) \tag{2.9}$$

式中　k_B——玻尔兹曼常量；

　　　T——温度；

　　　q——电子电量；

　　　I_0——反向饱和电流。

由于 I_L 与入射光强成正比，因此 U_{oc} 也随入射光强的增加而增大，与入射光强的对数成正比，U_{oc} 还与 I_0 的对数成反比，而 I_0 与禁带宽度和复合机制有关，禁带越宽，I_0 越小，U_{oc} 越大。

（2）短路电流 I_{sc}。当电池处于短路（$U=0$）状态时，太阳电池输出的电流为

$$I_{sc} = I = I_L \tag{2.10}$$

短路电流 I_{sc} 等于光生电流 I_L，与入射光强成正比。

3. **实验设备**

光伏太阳能特性实验箱。

4. **实验步骤**

（1）按照图 2.11 及图 2.12 所示设计测量电路图，并按步骤连接电路。连接步骤如下：

1）将太阳电池板的端口 1 与电流表的正极连接。

2）将电流表负极与电阻箱上的红色（正极）接线柱连接。

3）将电阻箱的黑色（负极）接线柱和太阳能光伏组件的端口 2 连接。

4）将电压表正极与太阳能光伏组件的端口 1 连接，电压表负极与太阳电池板的端口 2 连接。

此时电压表并联在太阳电池板两端，电流表及电阻箱串联在太阳电池板两端。

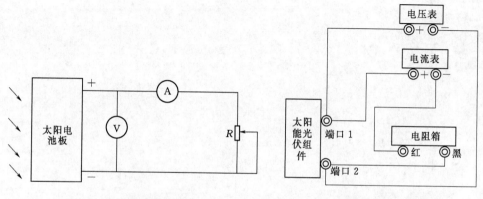

图 2.11　实验装置原理图　　　　　图 2.12　实验设备具体连线图

（2）将光源的发光方向对着太阳电池板，打开白色光源，待光源发光亮度稳定后开始测量。

（3）将太阳能光伏组件、电压表、电流表、负载电阻连接成回路后，改变电阻值，使阻值由小到大变化。随着电阻的变化分别测量流经电阻的电流 I 和电阻上的电压 U，将所测数据如实记录，画出伏安特性曲线。

测量过程中辐射光源与光伏组件的距离要保持不变，使辐照面积与角度不变，以保证整个测量过程在相同条件下进行。

实验结束后根据测量结果绘制太阳电池的伏安特性曲线，求出短路电流 I_{sc} 和开路电压 U_{oc}。

学　院＿＿＿＿＿＿＿　　　　　　　　　　专　业＿＿＿＿＿＿＿

班　级＿＿＿＿＿＿＿　　　姓　名＿＿＿＿＿＿＿　　学　号＿＿＿＿＿＿＿

太阳电池伏安特性曲线绘制实验报告

1. 实验目的

2. 实验原理

3. 实验方法

4. 实验结果

(1) 单晶硅标准太阳电池实验数据记录。

序号	电阻 /Ω	光生电压 /V	光生电流 /A	相应功率 /W	短路电流 I_{sc}/A	开路电压 U_{oc}/V
1						
2						
3						
4						
5						
6						
7						
8						
9						
10						
11						
12						
13						
14						
15						
16						
17						
18						
19						
20						
21						
22						
23						
24						
25						

（2）单晶硅标准太阳电池 IV 曲线绘制。

（3）单晶硅标准太阳电池 PV 曲线绘制。

（4）多晶硅标准太阳电池实验数据记录。

序号	电阻 /Ω	光生电压 /V	光生电流 /A	相应功率 /W	短路电流 I_{sc}/A	开路电压 U_{oc}/V
1						
2						
3						
4						
5						
6						
7						
8						
9						
10						
11						
12						
13						
14						
15						
16						
17						
18						
19						
20						
21						
22						
23						
24						
25						

（5）多晶硅标准太阳电池 IV 曲线绘制。

（6）多晶硅标准太阳电池 PV 曲线绘制。

（7）自备太阳电池实验数据记录。

序号	电阻 /Ω	光生电压 /V	光生电流 /A	相应功率 /W	短路电流 I_{sc}/A	开路电压 U_{oc}/V
1						
2						
3						
4						
5						
6						
7						
8						
9						
10						
11						
12						
13						
14						
15						
16						
17						
18						
19						
20						
21						
22						
23						
24						
25						

（8）自备太阳电池 IV 曲线绘制。

（9）自备太阳电池 PV 曲线绘制。

2.3　环境因素对太阳电池特性的影响 *

1. 实验目的

了解并掌握环境对太阳电池影响的原理。

了解并掌握光照强度、温度、光谱范围等对太阳电池特性影响的测试。

2. 实验原理

太阳的表面温度约为 6000℃，表面是色球层，太阳中心一直进行着激烈的热核反应，不断由轻元素聚合成重元素并放出巨大的能量。太阳直射时，太阳电池的输出功率最高，而当太阳斜射时，输出功率会下降，因此光照强度对太阳电池的输出特性有一定的影响。此外，由于太阳电池是半导体器件，载流子的扩散系数随温度的升高而增加，但是，电流随温度的升高呈指数增长，开路电压会随温度的升高急剧下降。当温度升高时，伏安特性曲线形状改变，填充因子减小，所以，转换效率会随温度的升高而降低。

3. 实验设备

光伏太阳电池特性实验箱。

4. 实验步骤

（1）光照强度对太阳电池特性的影响。按照图 2.11 及图 2.12 所示设计测量电路图，并按步骤连接电路。连接步骤如下：

1）将太阳电池的端口 1 与电流表的正极连接。

2）将电流表负极与电阻箱上的红色（正极）接线柱连接。

3）将电阻箱的黑色（负极）接线柱与太阳能光伏组件的端口 2 连接。

4）将电压表正极与太阳能的端口 1 连接，电压表负极与太阳电池的端口 2 连接。

此时电压表并联在太阳电池两端，电流表及电阻箱串联在太阳电池两端。

将光源的发光方向对着太阳电池，打开白色光源的开关，等光源发光亮度稳定后开始测量。将太阳电池、电压表、电流表、负载电阻连接成回路后，改变电阻值的同时改变光源的亮度，用万用表分别测量电阻的阻值，使阻值由小到大变化。测量流经电阻的电流 I 和电阻上的电压 U，即可得到该光伏组件的伏安特性曲线。

测量过程中辐射光源与光伏组件的距离、辐照面积与角度保持不变，以保证整个测量过程在相同条件下进行。同时需根据光照度表显示的数字来调节光源的亮度。

（2）温度对太阳电池特性的影响。按照图 2.11 及图 2.12 所示设计测量电路图，并按步骤连接电路。连接步骤与"光照强度对太阳电池特性的影响"实验相同，区别是将太阳电池、电压表、电流表、负载电阻按照连接成回路后，由小到大地改变电阻值的同时需要由小到大调节温度控制器。温度变化且稳定后用万用表测量流经电阻的电流 I 和电阻上的电压 U，即可得到该光伏组件的伏安特性曲线。

测量过程中辐射光源与光伏组件的距离、辐照面积与角度要保持不变，以保证整个测量过程在相同条件下进行。

（3）光谱范围对太阳电池特性的影响。按照图 2.11 及图 2.12 所示设计测量电路图，连接电路，连接步骤与"光照强度对太阳电池特性的影响"实验相同。区别是将太阳电池、电压表、电流表、负载电阻连接成回路后，改变电阻值的同时改变光源的波长，当光源的发光方向对着太阳电池后，依次打开红色光源（光谱波长为 640～780nm）、绿色光源（光谱波长为 505～525nm）和紫色光源（光谱波长为 380～470nm），待光源亮度稳定后对各光源下的太阳电池电阻的电压 U 及电流 I 进行测量，即可得到该光伏组件的伏安特性曲线。

　　测量过程中辐射光源与光伏组件的距离、辐照面积与角度保持不变，以保证整个测量过程在相同条件下进行。

光照强度对太阳电池特性影响实验报告

1. 实验目的

2. 实验原理

3. 实验方法

4.实验结果

（1）保持组件温度、光源光谱、太阳电池不变，只对照射光源的光照强度进行调整，调整光照强度分别为 $200W/m^2$、$500W/m^2$、$800W/m^2$ 和 $1000W/m^2$，将采集到的相应数据记录在下表中。

$200W/m^2$ 光照强度下太阳电池的伏安特性表

序号	电阻/Ω	光生电压/V	光生电流/A	相应功率/W	短路电流 I_{sc}/A	开路电压 U_{oc}/V
1						
2						
3						
4						
5						
6						
7						
8						
9						
10						
11						
12						
13						
14						
15						

$500W/m^2$ 光照强度下太阳电池的伏安特性表

序号	电阻/Ω	光生电压/V	光生电流/A	相应功率/W	短路电流 I_{sc}/A	开路电压 U_{oc}/V
1						
2						
3						
4						
5						
6						

序号	电阻/Ω	光生电压/V	光生电流/A	相应功率/W	短路电流 I_{sc}/A	开路电压 U_{oc}/V
7						
8						
9						
10						
11						
12						
13						
14						
15						

$800W/m^2$ 光照强度下太阳电池的伏安特性表

序号	电阻/Ω	光生电压/V	光生电流/A	相应功率/W	短路电流 I_{sc}/A	开路电压 U_{oc}/V
1						
2						
3						
4						
5						
6						
7						
8						
9						
10						
11						
12						
13						
14						
15						

1000W/m² 光照强度下太阳电池的伏安特性表

序号	电阻/Ω	光生电压/V	光生电流/A	相应功率/W	短路电流 I_{sc}/A	开路电压 U_{oc}/V
1						
2						
3						
4						
5						
6						
7						
8						
9						
10						
11						
12						
13						
14						
15						

（2）绘制同一太阳电池在不同光照强度下的 IV 特性曲线。

（3）绘制同一太阳电池在不同光照强度下的 PV 特性曲线。

电池温度对太阳电池特性影响实验报告

1. 实验目的

2. 实验原理

3. 实验方法

4. 实验结果

（1）保持光照强度、光源光谱、太阳电池不变，只对太阳电池的温度进行调整，调整温度分别为 20℃、40℃和60℃，将采集到的相应数据记录在下表中。

20℃温度条件下太阳电池的伏安特性表

序号	电阻/Ω	光生电压/V	光生电流/A	相应功率/W	短路电流 I_{sc}/A	开路电压 U_{oc}/V
1						
2						
3						
4						
5						
6						
7						
8						
9						
10						
11						
12						
13						
14						
15						

40℃温度条件下太阳电池的伏安特性表

序号	电阻/Ω	光生电压/V	光生电流/A	相应功率/W	短路电流 I_{sc}/A	开路电压 U_{oc}/V
1						
2						
3						
4						
5						

序号	电阻/Ω	光生电压/V	光生电流/A	相应功率/W	短路电流 I_{sc}/A	开路电压 U_{oc}/V
6						
7						
8						
9						
10						
11						
12						
13						
14						
15						

60℃温度条件下太阳电池的伏安特性表

序号	电阻/Ω	光生电压/V	光生电流/A	相应功率/W	短路电流 I_{sc}/A	开路电压 U_{oc}/V
1						
2						
3						
4						
5						
6						
7						
8						
9						
10						
11						
12						
13						
14						
15						

（2）绘制同一太阳电池在不同温度条件下的 IV 特性曲线。

（3）绘制同一太阳电池在不同温度条件下的 PV 特性曲线。

太阳光谱对太阳电池特性影响实验报告

1. 实验目的

2. 实验原理

3. 实验方法

4. 实验结果

（1）保持光照强度、组件温度、太阳电池不变，只对模拟太阳光的光谱进行调整，调整光谱分别为全光谱、红色光源、绿色光源和紫色光源，将采集到的相应数据记录在下表中。

全光谱条件下太阳电池的伏安特性表

序号	电阻/Ω	光生电压/V	光生电流/A	相应功率/W	短路电流 I_{sc}/A	开路电压 U_{oc}/V
1						
2						
3						
4						
5						
6						
7						
8						
9						
10						
11						
12						
13						
14						
15						

红色光源条件下太阳电池的伏安特性表

序号	电阻/Ω	光生电压/V	光生电流/A	相应功率/W	短路电流 I_{sc}/A	开路电压 U_{oc}/V
1						
2						
3						
4						
5						
6						
7						
8						
9						
10						

序号	电阻/Ω	光生电压/V	光生电流/A	相应功率/W	短路电流 I_{sc}/A	开路电压 U_{oc}/V
11						
12						
13						
14						
15						

绿色光源条件下太阳电池的伏安特性表

序号	电阻/Ω	光生电压/V	光生电流/A	相应功率/W	短路电流 I_{sc}/A	开路电压 U_{oc}/V
1						
2						
3						
4						
5						
6						
7						
8						
9						
10						
11						
12						
13						
14						
15						

紫色光源条件下太阳电池的伏安特性表

序号	电阻/Ω	光生电压/V	光生电流/A	相应功率/W	短路电流 I_{sc}/A	开路电压 U_{oc}/V
1						
2						
3						
4						
5						

序号	电阻/Ω	光生电压/V	光生电流/A	相应功率/W	短路电流 I_{sc}/A	开路电压 U_{oc}/V
6						
7						
8						
9						
10						
11						
12						
13						
14						
15						

（2）绘制同一太阳电池在不同光谱条件下的 IV 特性曲线。

（3）绘制同一太阳电池在不同光谱条件下的 PV 特性曲线。

2.4　太阳电池串并联特性实验

1. 实验目的

探究太阳电池串联对其输出功率的影响。

探究太阳电池并联对其输出功率的影响。

2. 实验原理

当物体受到光照时，物体内的电荷分布状态发生变化而产生电动势和电流，这种现象称为光生伏特效应。太阳电池是一种利用光生伏特效应把光能转换为电能的器件。当太阳光照射到半导体 PN 结时，在 PN 结两边产生电压，使 PN 结短路，从而产生电流。这个电流随着光强度的加大而增大，当接受的光强度达到一定数量时，就可以将太阳电池看成恒流电源。太阳电池单体电池的工作电压只有不到 1V，电流仅几安培，不能直接应用，一般需要进行必要的串联和并联，以达到所需要的电压和电流。本实验就是要测试太阳电池的串联和并联特性，为实际应用打好基础。

3. 实验设备

太阳光源模拟系统、太阳电池板组件、光伏实验柜。

4. 实验步骤

（1）单块太阳电池板的测量电路。将太阳电池板的端口 1 与电流表的正极相连，电流表的负极与太阳电池板的端口 2 接在负载两端，电压表的正极接太阳电池板的端口 1，电压表的负极接太阳电池板的端口 2，如图 2.13 所示。

（2）串联太阳电池板的测量电路。将太阳电池板的端口 1 与电流表的正极连接，电流表的负极和太阳电池板的端口 4 接在负载两端，太阳电池板的端口 2 接太阳电池板的端口 3，电压表的正极接太阳电池板的端口 1，电压表的负极接太阳电池板的端口 4，如图 2.14 所示。

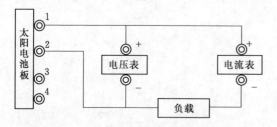

图 2.13　单块太阳电池板实验装置连接图

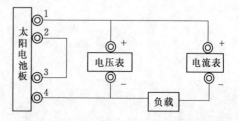

图 2.14　串联太阳电池板实验装置连接图

（3）并联太阳电池板的测量电路。太阳电池板的端口 1 与太阳电池板的端口 3 连接，太阳电池板端口 2 与端口 4 连接，太阳电池板的端口 3 与电流表的正极连接，电流表的负极和太阳电池板的端口 4 接在负载两端，电压表的正极接太阳电池板端口 1，电压表的负极接太阳电池的端口 2，如图 2.15 所示。

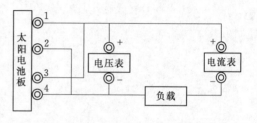

图 2.15　并联太阳电池板实验装置连接图

太阳电池串并联特性实验报告

1. 实验目的

2. 实验原理

3. 实验方法

4. 实验结果

（1）保持组件温度、光源光谱、光照强度、太阳电池不变，只将两块太阳电池串联连接，将采集到的相应数据记录在下表中。

串联太阳电池伏安特性表

序号	电阻/Ω	光生电压/V	光生电流/A	相应功率/W	短路电流 I_{sc}/A	开路电压 U_{oc}/V
1						
2						
3						
4						
5						
6						
7						
8						
9						
10						
11						
12						
13						
14						
15						

绘制串联太阳电池 IV 及 PV 曲线。

（2）保持组件温度、光源光谱、光照强度、太阳电池不变，只将两块太阳电池并联连接，将采集到的相应数据记录在下表中。

并联太阳电池伏安特性表

序号	电阻/Ω	光生电压/V	光生电流/A	相应功率/W	短路电流 I_{sc}/A	开路电压 U_{oc}/V
1						
2						
3						
4						
5						
6						
7						
8						
9						
10						
11						
12						
13						
14						
15						

绘制并联太阳电池 IV 及 PV 曲线。

（3）思考题。两块完全相同的太阳电池在完全相同的条件下进行 IV 及 PV 特性曲线绘制，对比两条曲线的差异。如果两条曲线有差异，请阐述差异的原因。

2.5　太阳电池的光谱响应测试 *

1. **实验目的**

了解太阳和太阳电池的光谱特性。

熟悉太阳能光谱特性测试的原理和方法。

2. **实验原理**

用各种波长的单色光分别照射太阳电池时，由于光子能量不同以及太阳电池对光的反射、吸收、光生载流子的收集效率等因素，在辐照度相同的条件下太阳电池会产生不同的短路电流，所以由测得的短路电流密度与辐照度之比即单位辐照度所产生的短路电流密度与波长的函数关系得到绝对光谱响应，将绝对光谱响应曲线进行归一化即可得相对光谱响应。

光谱响应特性包含太阳电池的许多重要信息，同时又与测试条件有密切的关系。本实验中，用单色光测量太阳电池的光谱响应时一般要在模拟阳光的偏置光照条件下进行测量，利用光谱辐照度和绝对光谱响应数据，计算标准条件下太阳电池的短路电流密度为

$$J_{kAMN} = \int P_{AMN}(\lambda)S_a(\lambda)d\lambda \qquad (2.11)$$

式中　$P_{AMN}(\lambda)$——给定标准条件下大气质量为 N 的太阳光谱度照度，$W/m^2 \cdot \mu m$；

　　　$S_a(\lambda)$——太阳电池的绝对光谱响应，A/W。

偏置光对光谱响应的影响程度随太阳电池的类型不同而不同。实验证明，偏置光对光谱响应没有明显影响的太阳电池，测量时可以不加偏置光。

3. **实验设备**

(1) 测量装置。按照图 2.16 将各部分装配成完整的测量装置，全套装置的设计允许采用：①手工操作，手工记录数据和计算；②通过电脑程序自动测量，自动进行数据处理并输出结果。由于光谱响应测量的实验操作和数据处理工作量大，为便于控制精度，推荐将测量装置设计成通过电脑程序控制的形式。

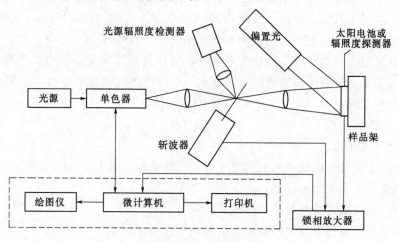

图 2.16　太阳电池光谱响应测试装置方框图

1) 光源。光源可采用有足够辐照度的卤钨灯、稳态氙灯、脉冲灯或其他光源。

2) 单色器。光栅单色器或滤光片组等都能够用作产生单色光的单色器，可根据实际情况选择。光栅单色器各波长均匀，但应注意消除二级光谱的影响；一般用钠灯或其他灯校准单色器的波长读数，波长刻度示值必须调节到与灯的标准波长谱线一致。使用光栅单色器时应力求光照均匀，光照面的大小应按照待测电池的需要调节，光照面应覆盖待测电池。使用窄带滤光片组能够获得大面积均匀的光照平面。对于中心波长小于 1000nm 的滤光片，要求通带半宽度小于 18nm，背景小于 1%，应定期检测滤光片的透光率曲线，滤光片组中滤光片中心波长的间距应不大于 50nm，短波和长波滤光片的中心波长应满足测试太阳电池光谱响应的要求。

3) 偏置光源。偏置光是一种非调制的恒定光，可用 AM0 或 AM1.5 太阳模拟器作为光源。测量时偏置光与交变的单色光相叠加辐照太阳电池。为了便于控制待测电池的温度，在偏置光与样品之间应加上活动遮光板。

4) 斩波器。单色光束通过斩波器后变为交变的低频信号，斩波频率一般为 32Hz。

5) 辐照度探测器。一般使用光谱响应已知的太阳电池作为参比太阳电池。用参比太阳电池可以代替一般的辐照度探测器，也可以使用真空热电偶、热释电辐射计作为辐照度探测器。

6) 锁相放大器。锁相放大器是光谱响应测量中的关键设备，要求工作稳定，无漂移、线性好。

7) 样品架。样品架应保证在测量过程中待测电池和辐照度探测器处于相同位置，使用经过校准的温度计测量样品架温度，测量误差应小于 $\pm 1℃$。

8) 光源辐照强度检测器。硅太阳电池或光电二极管都可用作光源辐照度监测器，一般设置在斩波器反光镜一侧，用来监视光源辐照度的稳定性。

(2) 激光器。一般选择 $10\sim30\mathrm{mW}$ 稳定激光器作为定标光源，激光波长应在电池光谱响应灵敏度较高的波长范围之内，辐射不稳定度应小于 1%/h。

(3) 绝对辐射计。绝对辐射计用来测量激光光束的绝对能量。使用前先检查炭黑是否完整并校准功率灵敏度，要求精度不低于 $\pm 2\%$。

(4) 数字电压表（集成在微计算机内）。数字电压表是绝对辐射计和太阳电池输出信号的显示仪器，数字电压表的准确度应不低于 $\pm 0.1\%$（读数）± 1 个字。

(5) 取样电阻。一般采用 0.01 级标准电阻器作为取样电阻，接在待测电池的两端，用测量取样电阻上电压降的方法测量短路电流，取样电阻应取得最小值，以便尽可能保证短路条件。取样电阻一般可在 $0.1\sim0.8\Omega$ 范围内选择。

4. 实验步骤

(1) 相对光谱响应。

1) 用标准太阳电池测量并调节偏置光辐射到需要的辐射度。

2) 将电池温度调至规定温度。

3) 用辐照度探测器测量单色光的相对能量。

4) 在辐照度不变的条件下测量待测电池的短路电流密度。

5) 相对光谱响应的计算。使用光谱响应已知的参比太阳电池作为光束辐照度探测器

时，待测电池的相对光谱响应为

$$S_\tau(\lambda) = S'_\tau(\lambda) \frac{J_{\partial\tau}(\lambda)}{J'_{\partial\tau}(\lambda)} \qquad (2.12)$$

式中 $S'_\tau(\lambda)$——参比太阳电池的相对光谱响应；

　　$J'_{\partial\tau}(\lambda)$——参比太阳电池在给定辐照度下的短路电流密度，$A/m^2$；

　　$J_{\partial\tau}(\lambda)$——待测电池在给定辐照度下的短路电流，$A/m^2$。

若使用真空热电偶作为辐照度探测器，则待测电池的相对光谱响应为

$$S_\tau(\lambda) = \frac{J_{\partial\tau}(\lambda)}{U(\lambda)} \qquad (2.13)$$

式中 $U(\lambda)$——真空热电偶的开路电压，V。

使用同一套测量装置时，其测量误差应符合：①在峰值响应的半值以上区间，其相对误差应小于±2%；②在峰值响应的半值以下区间，其相对误差应小于±5%。

（2）绝对光谱响应。

1）定标步骤。首先用绝对辐射计测量波长为 λ_c 的激光辐照度 $W(\lambda_c)$，在激光辐照度不变的条件下把绝对辐射计换为待测电池，测量电池的短路电流密度 $J_{ac}(\lambda_c)$。

2）绝对光谱响应的计算。测得 $W(\lambda_c)$ 和 $J_{ac}(\lambda_c)$ 后，太阳电池在波长 λ_c 处的绝对光谱响应为

$$S_a(\lambda_c) = \frac{J_{ac}(\lambda_c)}{W(\lambda_c)} \qquad (2.14)$$

当测量待测电池的相对光谱响应时，如果使用已知绝对光谱响应 $S'_a(\lambda)$ 的光谱标准太阳电池作为参比太阳电池，则将 $S'_\tau(\lambda)$ 换为 $S'_a(\lambda)$，待测电池的绝对光谱响应 $S_a(\lambda)$ 可直接计算为

$$S_a(\lambda) = S'_a(\lambda) \frac{J_{\partial\tau}(\lambda)}{J'_{\partial\tau}(\lambda)} \qquad (2.15)$$

学　院＿＿＿＿＿＿＿　　　　　专　业＿＿＿＿＿＿＿

班　级＿＿＿＿＿＿＿　　姓　名＿＿＿＿＿＿＿　　学　号＿＿＿＿＿＿＿

太阳电池光谱响应测试实验报告

1. 实验目的

2. 实验原理

3. 实验方法

4. 实验结果

（1）单晶硅标准太阳电池光谱响应测试。

1）利用单色仪控制光源的输出，测量光谱与电压的关系曲线和光谱与电流的关系曲线，在下面绘制两条曲线。

2）计算单晶硅标准太阳电池的相对光谱响应，并阐述计算方法及步骤。

3）计算单晶硅标准太阳电池的绝对光谱响应，并阐述计算方法及步骤。

（2）多晶硅标准太阳电池光谱响应测试。

1）利用单色仪控制光源的输出，测量光谱与电压的关系曲线和光谱与电流的关系曲线，在下面绘制两条曲线。

2）计算多晶硅标准太阳电池的相对光谱响应，并阐述计算方法及步骤。

3）计算多晶硅标准太阳电池的绝对光谱响应，并阐述计算方法及步骤。

（3）自选太阳电池光谱响应测试。

1）利用单色仪控制光源的输出，测量光谱与电压的关系曲线和光谱与电流的关系曲线，在下面绘制两条曲线。

2）计算自选太阳电池的相对光谱响应，并阐述计算方法及步骤。

3）计算自选太阳电池的绝对光谱响应，并阐述计算方法及步骤。

（4）光谱与电压关系曲线和光谱与电流曲线对比。将上述 3 种电池的测试曲线进行对比绘制。

第3章　光伏组件实验

3.1　光伏组件测试的发展历程

组件可靠性测试的目的是识别未知失效机制，并确定组件是否会受已知失效机制的影响。

第一个光伏组件质量鉴定测试由美国喷气推进实验室（Jet Propulsion Laboratory，JPL）开发，该项目由美国能源部资助，是低成本太阳电池方阵项目的一部分。Block V测试程序的内容包括：①温度循环试验；②湿冷试验；③循环压力试验；④冰雹试验；⑤电绝缘试验；⑥热斑耐久试验；⑦扭弯试验。

质量鉴定试验后，检测组件会与基准电性能测试和目测结果比较，从而确定设计是否成功。这些测试成为以后开发的所有质量鉴定程序的起点。

后来组件质量鉴定采纳了欧洲CEC502程序，该测试程序与Block V测试程序有很大区别，新增的测试有：①紫外辐射试验；②高温存储试验；③高温高湿试验；④机械载荷试验。

另外，CEC502程序没有湿冻试验。与此同时，UL实验室（Underwriter Laboratories Inc.）指定了UL1703安全标准，已经成为美国所有组件必须通过的标准。UL1703由Block V试验程序中的湿冻测试、热循环测试、电绝缘测试以及其他一系列与安全相关的测试组成。需注意的是，作为安全测试标准，UL1703并不要求组件要在一定条件下保持电性能，相反，它强调组件不能在测试程序中出现任何危险因素。

随着商业非晶硅太阳电池的开发，Block V测试程序已经不能满足新产品的测试要求，于是临时质量鉴定测试应运而生。临时质量鉴定测试类似于JPL测试，但是添加了UL1703中的表面划伤和接地连续性试验。湿绝缘试验被用于检测电化学耐腐蚀性。

3.2　光伏组件基本性能测试的标准要求

1. 温度测量标准

1）材料和部件温度的确定。在电池板表面的周围温度为40℃、大气质量为AM1.5、辐照度为100mW/cm²、平均风速为1m/s的条件下，确定材料和部件的温度。当环境温度为10～55℃时，将测得的材料和部件温度进行校正，即小于40℃或者大于40℃时，要加上或减去周围温度与40℃之间的差值。如果辐照度不同于100mW/cm²，可以测得各种不同辐照度下的温度，并根据这些温度线性外推得到辐照度为100mW/cm²时的温度。

如果温度试验中遇到不符合要求的性能，且这些性能在规定的限制试验条件之下表现出来，那么这种表现出的性能应该得到重视。例如：周围环境的温度在限制的允许范围附近（10℃或者 55℃），则试验应该在标准条件附近下重做。

2）短路电流情况下的温度测试。被覆盖电池在反向电压工作时会造成局部热效应，在进行短路电流情况下的温度测试时，用 0.18mm 厚的黑色聚氯乙烯绝缘带直接覆盖在上表面，遮盖住电池的一半，使电池不完全被照射到。

3）测量方法。采用热电偶对温度进行测量，热电偶由 NO.30 AWG（0.05mm²）的铁组成，并且使用铜镍导线。暴露在光照下的热电偶应隔离光照的直接作用。热电偶以正的热力接点连接（接合）到待测试材料的表面。在适当位置安全连接热电偶能获得热力接点。对于金属表面，热电偶与金属的连接可能是铜焊、定位焊接、锡焊。热电偶接合处用分接头连至绝缘线或木材的表面，以确保接合处的安全。

2. 电压、电流、功率的测试标准

在"标准试验条件（STC）"，及"对 I_r 和 P_{max} 来说，在额定工作温度（NOCT）下"两个测试条件下，短路电流 I_{sc}、额定电流 I_r、最大功率 P_{max} 和开路电压 U_{oc} 应该在额定值的 ±10% 内。每一个模块产品的短路电流 I_{sc}、最大功率 P_{max}、开路电压 U_{oc} 都要按照适当的测试程序进行测量。测试结果用适当的校正程序进行校正，使其可以成为标准条件（STC）下的测试结果。测试中还应使用以下测试标准：ASTM G159—1998、ASTM E927—2004a、ASTM、IEC891：1987、IEC904-1：2006、IEC904-3：2006。

3.3　光伏组件的环境性能测试

1. 实验目的

确定组件承受高温、高湿之后以及随后的零下低温影响的能力。

测试模块抵抗湿气长期渗透之影响能力。

在热循环、湿冻试验箱前进行紫外辐射预处理以测定光伏组件和胶黏剂的抗紫外辐射能力。

2. 实验设备

（1）湿冷测试实验设备。

1）气候室有温度和湿度自动控制功能，能容纳一个或多个组件进行如图 3.1 所规定的湿冷循环实验。在温度低于 0℃ 时，气候室内空气的露点为该室的温度。

2）温度传感器是测量和记录组件温度的仪器，准确度为 ±1℃。如果多个组件同时进行实验，只需监测一个代表组件的温度。

3）连续性测试仪是在整个实验过程中监测每一个组件内部电路连续性的仪器，用来检测每一个组件的引线端和边框或支架之间电绝缘的完好性。

（2）湿热测试实验设备。

1）恒定湿热实验箱有温度控制装置，能容纳一个或多个组件进行温度为 85℃、相对湿度为 85% 的恒定温热实验。在实验箱中有安装或支撑组件的装置，并保证周围的空气能够自由循环。

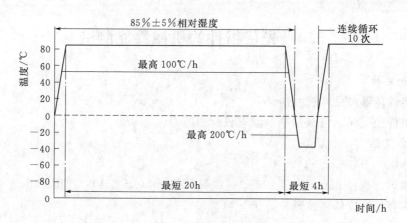

图 3.1　湿冷循环实验

2）温度传感器是测量和记录温度的仪器，温度传感器应置于组件中部当前或后表面。如果多个组件同时实验，只需检测一个代表组件的温度。

（3）紫外预处理实验设备。

1）温度控制装置。当紫外线照射组件时用来控制、测试和记录组件温度。本装置必须保持组件温度在（60±5）℃范围内，精确度为±2℃。

2）温度传感器。在组件的前、后表面和中间必须安装温度传感器，如果测试多个组件，那么仅对一个代表组件进行温度监控即可。

3）校准辐射计。能够测量紫外光灯辐射均匀度为±15%紫外辐射的辐射源。

3. 实验步骤

（1）湿冷测试实验。将温度传感器置于一个代表组件中部的前面或后面。在室温下将组件装入气候室，使其与水平面倾角不小于5°。如果组件边框导电不好，则将其安装在模拟敞开式支承架的金属框架上。将温度传感器接到温度检测仪上，将组件的两个引线端子接到连续性测试仪上，将组件的一个引线端与框架或支撑架连接到绝缘检测仪上。关闭气候室，使组件完成如图 3.1 所示的 10 次循环，最高和最低温度应在所设定值的±2℃以内，温度在室温以上时，相对湿度应保持在所设定值的±5%以内。

记录整个实验过程组件的温度。2～4h 的恢复时间后，将组件转到光伏测试组进行外观检查及标准实验条件下的性能测试和绝缘测试。

（2）湿热测试实验。在室温下将组件装入实验箱，使其与水平面的倾角不小于5°，并保证周围的空气能够自由循环。将实验箱的温度在不加湿的条件下升到85℃，对实验样品进行预热，待组件温度稳定后再加湿，以免组件产生凝霜。实验结束后组件在室温下恢复2～4h 后，将组件转到光伏测试组进行外观检查及标准实验条件下的性能测试和绝缘测试。

（3）紫外预处理实验。用校准辐射计测量组件待测面上的辐射，确保波长分布在 280～385nm 的辐照度不超过 250W/m²（约为 5 倍自然光水平），且在整个测量平面上的辐照度均匀性达到±15%。利用温度控制装置保证组件的温度范围为（60±5）℃。对组件进行外观检查、最大功率确定及绝缘测试。

3.4 光伏组件的机械性能测试

1. 实验目的

验证组件能够经受冰雹冲击。

确定组件经受风、雪或覆冰等静态载荷的能力。

2. 实验设备

(1) 冰箱。$-10℃\pm5℃$。

(2) 冰球。直径 $25mm\times(1\pm5\%)$，质量 $7.53g\times(1\pm5\%)$，速度 $23m/s\times(1\pm5\%)$。

(3) 保存箱。能够将冰球冷藏于 $-4℃\pm2℃$。

(4) 天平。准确度为 $\pm2\%$。

(5) 速度测试仪表。准确度为 $\pm2\%$。

(6) 冰球发射极。

(7) 发射器。驱动冰球以所限定速度（偏差控制在 5% 范围内）撞击在组件指定的位置范围内。只要满足实验要求，冰球从反射器到组件的路径可以是水平、竖直或其他角度。

(8) 坚固的支架。用来按照制造商推荐的方法支撑试验组件，使碰撞表面与所发射的冰球的路径垂直。

(9) 坚固实验底座。能够使组件前端向上或前端向下安装。实验过程中，底座可以使组件随负荷自动偏移。

3. 实验步骤

(1) 冰雹测试实验。

1) 利用模具和低温箱制备足够数量的、用于实验以及初调发射所需尺寸的冰球。

2) 检查每个冰球的裂缝、尺寸和质量，可用的冰球要满足：①没有肉眼可见的裂缝；②直径与要求值误差在 $\pm5\%$ 范围内。

3) 室温下安装组件于前述的支架上，使其碰撞面与冰球的路径垂直。

4) 从低温箱中将冰球取出，瞄准第一个撞击位置进行发射。冰球从容器内移出到撞击在组件上的时间间隔不超过 60s。

5) 检查组件的碰撞区域，标出损坏情况，记录下所有可见的撞击影响。与指定位置的偏差不应大于 10mm。

6) 如果组件没有损坏，则对其他撞击位置重复步骤 4) 和步骤 5)。

(2) 机械负荷测试实验。

1) 装备好组件以便实验过程中连续检测。

2) 用制造厂所述的方法将组件安装于一个坚固支架上（如果有几种方法，选择固定性最差的一种方式，即其固定点间距离最大的方式）。

3) 在前表面上逐步均匀地加负荷到 2400Pa（负荷可采用气动加压，或充水的袋子覆盖在整个表面上，对于后一种情况，组件应水平放置），保持此负荷 1h。

4) 将组件仍置于同一支架上，在背面重复上述步骤。

5) 重复步骤 3) 和步骤 4)。

学　院＿＿＿＿＿＿＿＿＿　　　　　　　专　业＿＿＿＿＿＿＿＿＿

班　级＿＿＿＿＿＿＿＿＿　　姓　名＿＿＿＿＿＿＿＿＿　　学　号＿＿＿＿＿＿＿＿＿

光伏组件的机械性能测试实验报告

1. 实验目的

2. 实验原理

3. 实验方法

4. 实验结果

（1）冰雹测试实验。

序号	1	2	3	4	5
撞击位置					
损坏情况					
撞击影响					

（2）机械负荷测试实验。

序号	1	2	3	4	5
负荷/Pa					
损坏情况					
损坏影响					

3.5 光伏组件的热斑耐久性测试 *

1. 实验目的

确定组件承受热斑加热效应的能力，这种效应可能导致焊料融化和封装退化。

2. 实验原理

当组件中的一个电池或一组电池被遮光或损坏时，导致工作电流超过该电池的最大电流或电池组的短路电流降低，在组件中会发生热斑加热。此时被影响的电池或电池组被置于反向偏置状态，消耗功率，进而引起过热。

3. 实验设备

（1）辐射源。

（2）组件 IV 曲线测试仪。

（3）电流测试仪。

（4）尺寸大小适当，可以完全覆盖电池的不透明挡板。

（5）适当的温度探测器。

4. 实验步骤

进行热斑耐久实验时，组件暴露在 $800 \sim 1000 \mathrm{W/m^2}$ 的辐照强度下。在组件实验前应安装制造厂家推荐的热斑保护装置。以串联方式为例，其实验步骤如下：

（1）用辐射源对光伏组件进行照射，辐照强度为 $800 \sim 1000 \mathrm{W/m^2}$。待温度平衡后，对组件进行 IV 特性测试并判定最大功率电流范围，其中所判定的最大功率 $P > 0.99 P_{max1}$。

（2）短路组件，测量组件的短路电流 I_{sc}。

（3）从组件的一个边缘开始，用不透明挡板完全遮盖一片电池。平行于电池移动挡板，增加对组件的遮挡面积（遮挡的电池数目），直至短路电流 I_{sc} 降到未遮挡组件的最大功率电流 I_{MP} 范围内。

（4）以步骤（3）中所确定的尺寸慢慢移动不透明盖板覆盖组件，测量组件的短路电流 I_{sc}。如果在某个位置短路电流低于未遮挡组件的最大功率电流范围，慢慢减小遮光面积直至短路电流增加到未遮挡组件的最大功率电流范围内。在这个过程中，要确保光辐照度变化不超过 $\pm 2\%$。

（5）所遮挡的最终宽度决定了阴影区的最小面积，可用作热斑测试。

（6）移开挡板，对组件进行表观质量检查。

（7）对组件重新进行 IV 特性测试，判断其最大功率 P_{max2}。

（8）把挡板放在备用组件区域，将组件短路。

（9）再次将组件暴露在 $800 \sim 1000 \mathrm{W/m^2}$ 的辐照强度中。这个测试应该在组件温度为 $50 \mathrm{℃} \pm 10 \mathrm{℃}$ 的范围内完成。记录短路电流的值，保持组件最大功率耗散条件。如果有必要，可以适当调整遮光比例使短路电流符合步骤（1）中所测定的范围。

（10）保持这些条件 1h。

（11）在实验结束后，用适当的温度探测器确定被遮挡的电池中的区域最高温度。

光伏组件的热斑耐久性测试实验报告

1. 实验目的

2. 实验原理

3. 实验方法

4. 实验结果

测试样品序号	遮挡面积 S/cm^2	开路电压 U_{oc}/V	短路电流 I_{sc}/A	最大功率 /W	被遮挡电池的温度/℃
1					
2					
3					
4					
5					
6					
7					
8					
9					
10					

绘制 IV 特性曲线，并分析热斑对光伏组件的影响。

第 4 章　光伏电力电子实验

4.1　光伏发电控制器的工作原理与功能

光伏发电控制器也称为光伏充放电控制器，其通过监测蓄电池的状态，对蓄电池的充电电压、电流加以管理和控制，并按照需求控制太阳电池和蓄电池对负载电能的输出，是整个光伏系统的核心部分，它的控制性能直接影响蓄电池的使用寿命和系统效率。控制器的控制电路根据具体的光伏系统的不同其复杂程度有所差异，可分为并联型控制器、串联型控制器、脉宽调制控制器、多路控制型控制器、最大功率点跟踪控制器等，但其基本原理相同。最基本的光伏控制器的工作原理图如图 4.1 所示。该系统由太阳电池、控制电路、蓄电池和负载组成。开关 S_1、S_2 分别为充电开关和放电开关，它们都属于控制电路的一部分。S_1、S_2 的开合由控制电路根据系统充放电状态来决定，当蓄电池充满时断开充电开关 S_1，使太阳电池停止向蓄电池供电。当蓄电池过放时断开放电开关 S_2，蓄电池停止向负载供电。开关 S_1、S_2 是广义上的开关，它包括各种开关元件，如各种电子开关元件、机械式开关等。

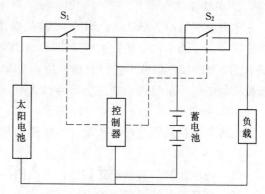

图 4.1　光伏控制器工作原理图

在独立光伏系统中，光伏控制器的基本作用是为蓄电池提供最合适的充电电压和电流，同时保护蓄电池，具有输入充满的功能；在容量不足时具有断开及恢复充放电的功能，以避免过充电和过放电现象的发生。

光伏控制器在光伏离网发电系统中处于太阳电池与储能电池的中间位置，在系统电能转换中具有重要意义，其主要功能如下：

（1）断开和恢复功能。控制器应具有输入高压断开和恢复连接的功能。

（2）欠压告警和恢复功能。当蓄电池电压降到欠压告警点时，控制器应能自动发出声光告警信号。

（3）低压断开和恢复功能。这种功能可防止蓄电池过放电，在某给定低电压自动切断负载。当电压升到安全运行范围时，负载将自动重新接入或要求手动重新接入。有时采用低压报警代替自动切断。

（4）保护功能。控制器具有负载短路保护电路，控制器内部短路保护电路，夜间蓄电池通过太阳电池组件反向放电保护电路，防止负载、太阳电池组件或蓄电池极性反接的保护电路，以及在多雷区防止由雷击引起击穿的保护电路。

（5）温度补偿功能。当蓄电池温度低于 25℃时，蓄电池要求具有较高的充电电压，以便完成充电过程；相反，高于该温度时蓄电池要求的充电电压较低。通常铅酸蓄电池的温度补偿系数为 $-5\sim-3\mathrm{mV/℃}$。

（6）光伏发电系统各种工作状态的显示功能。该功能主要显示蓄电池电压、负载状态、电池方阵工作状态、辅助电源状态、环境温度状态、故障报警等。

4.2　光伏控制器相关实验 *

4.2.1　光伏控制器 BUCK 电路驱动测试实验

1. 实验目的

熟悉 BUCK 电路的驱动方式。

了解 BUCK 电路的驱动波形。

掌握如何调节 BUCK 驱动波形。

2. 实验原理

中央处理器端为 ARM 公司的 32 位处理器，通过 74HC 系列的逻辑电平转换 IC 后对外输出一个可调节占空比的方波，作为 BUCK 电路的主要驱动发生源，并通过后级的自举 IC（IR2104S）将波形进行自举，用来对 MOS 管进行完整的开关驱动，以防止 MOS 管栅极驱动电压不足导致无法完全导通或管断，造成电路无法正常工作。

3. 实验设备

光伏发电控制器原理实验箱（实物图如图 4.2 所示）示波器、连接线若干。

4. 实验步骤

（1）将电源线与实验箱连接好，并检测接触是否良好。

（2）打开控制箱面板上的电源开关。

（3）打开蓄电池开关，使光伏控制器控制屏初始化完成。

（4）操作光伏控制器控制屏，按下中间确认按钮后，进入功能选择，选择"手动充电"功能。按上方按钮键为增加占空比，按下方按钮键为减小占空比。

（5）将示波器探针端接入实验箱面板中央处理器处的"PWM1"端口，接地端接入端口 169。

（6）调节示波器进行波形显示。

（7）调节上、下两个方向的按钮，观察不同占空比的波形区别。

（8）记录波形，进行数据分析，得出结论。

5. 注意事项

（1）实验箱为交流 220V 电源供电，使用时务必注意用电安全。

（2）实验前，确保各连接线连接正确。

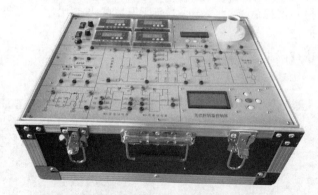

（a）光伏发电控制器原理实验箱实物图

（b）光伏发电控制器原理实验箱面板图

图 4.2 光伏发电控制器原理实验箱

（3）使用示波器测量时，请确保示波器的共地端接入实验箱的共地端。

6. 实验现象分析

（1）实验箱供电后，可见到电压表 1、电压表 2、电流表 1、电流表 2、电子负载均有数值显示并初始化。

（2）蓄电池开关打开后，可见到光伏控制器控制屏亮起，并自动进入系统初始化，初始化完成后会显示欢迎界面。

（3）选择功能之后接入示波器，通过示波器将会观察到占空比为 50% 的方波，如图 4.3 所示。

（4）调节上方的按键之后可观察到占

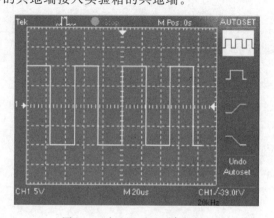

图 4.3 占空比为 50% 的方波

空比增加，同时光伏控制器控制屏上会显示当前所设置的占空比比值，调节上升占空比之后的波形图如图 4.4 所示。

（5）按下下方的按键减少占空比，同时光伏控制器控制屏上会显示当前所设置的占空比比值，调节下降占空比之后的波形图如图 4.5 所示。

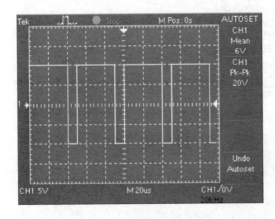
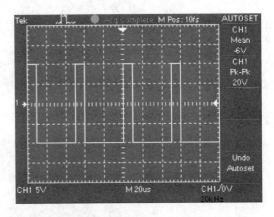

图 4.4　占空比为 80% 的方波　　　　　　图 4.5　占空比为 20% 的方波

结论：BUCK 电路驱动为可调占空比方波，通过调节方波的占空比实现对 MOS 管开关状态的改变，完成对 BUCK 电路的控制。

学　院_____　　　　　　　　专　业_____

班　级_____　　　　姓　名_____　　　学　号_____

光伏控制器 BUCK 电路驱动测试实验报告

1. 实验目的

2. 实验原理

3. 实验方法

4. 实验结果

（1）记录不同占空比的波形，进行对比。

（2）对不同占空比的波形对比之后得出结论，调节占空比改变了波形的哪些部分？

（3）完成波形的对比，了解波形的特性，并加以分析。

5. 思考题

（1）BUCK 电路是由什么组成的？

（2）调节 BUCK 电路为什么要调节方波的占空比？

（3）BUCK 电路都适用于哪些场合？

（4）BUCK 电路有什么优缺点？

4.2.2　光伏控制器 BUCK 电路测试实验

1. 实验目的

掌握 BUCK 电路的组成方式。

动手搭建 BUCK 电路，了解 BUCK 电路的搭建方式。

了解 BUCK 电路输入电压与输出电压的关系。

了解 BUCK 电路各元件的用途。

2. 实验原理

BUCK 电路基本组成如图 4.6 所示。

开关管 VT 导通时刻的电路模型如图 4.7 所示。

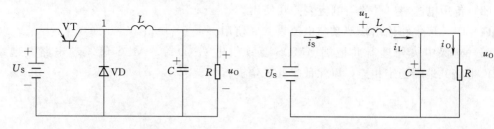

图 4.6　BUCK 电路基本组成　　　　图 4.7　开关管 VT 导通时刻的电路模型

开关管 VT 关断时刻的电路模型如图 4.8 所示。

3. 实验设备

光伏发电控制器原理实验箱、示波器、连接线若干。

4. 实验步骤

(1) 将实验箱接通电源，并检查供电是否良好。

(2) 取出连接线，将中央处理器的 PWM1 端口接入 MOS 管驱动电路。

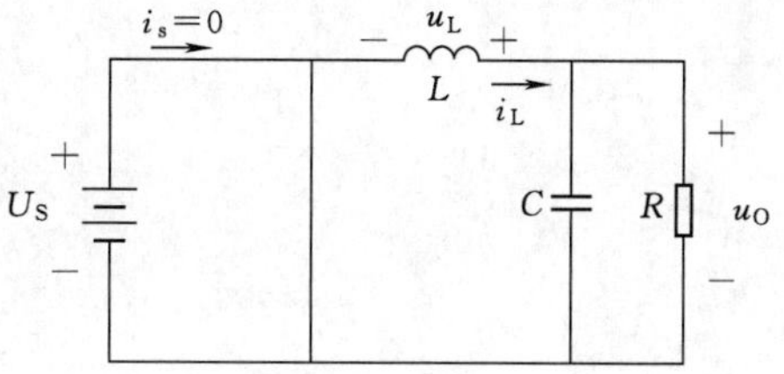

图 4.8　开关管 VT 管断时刻的电路模型

(3) 将中央处理器 CS1 接入 MOS 管驱动电路使能端口。

(4) 将 HO 接入 G1，将 VS 接入公共端，将 LO 接入 G2，驱动连接完毕。

(5) 将公共端与电感端相连接，将输出端与电容端相连接，BUCK 电路搭建完毕。

(6) 将中央处理器 GND 端与 MOS 管驱动供电端连接，将 MOS 管驱动供电端与 MOS 管驱动电路 GND 端连接，并与 BUCK 电路输出端相连接，将"＋15V"端连接"＋15V"。BUCK 驱动供电连接完毕。

(7) 将备用电源"＋"端连接到电流表1，将电流表1连接到控制器输入"＋"端。

(8) 将备用电源"－"端连接到控制器输入端。

(9) BUCK 电路输出端接电压表2。

(10) 电流表2接 BUCK 电路输出端，电流表2接蓄电池正极，输出测量电路搭建完毕。

(11) 检查电路完整后，打开电源开关，打开蓄电池开关。

（12）操作光伏控制器控制屏，按中间确认按键选择"手动充电"选项，记录当前占空比及电压表 1、电流表 1、电压表 2、电流表 2 的输出示数。

（13）操作光伏控制器控制屏，按实验箱上的增加按钮调节占空比上升，记录当前占空比及电压表 1、电流表 1、电压表 2、电流表 2 的输出示数。

（14）操作光伏控制器控制屏，按实验箱上的减小按钮调节占空比下降，记录当前占空比及电压表 1、电流表 1、电压表 2、电流表 2 的输出示数。

（15）重复步骤（13）和（14），反复实验由记录数据得出结论。

5. 注意事项

（1）实验箱为交流 220V 电源供电，使用时务必注意用电安全。

（2）实验前，确保各连接线连接正确。

（3）备用电源端口严禁与电流表并联使用。

（4）BUCK 电路输出端严禁与电流表并联使用。

（5）确保中央处理器共地端、MOS 驱动供电 GND 端、MOS 管驱动电路共地端、BUCK 电路共地端稳定相连，以保证实验稳定进行。

学　院＿＿＿＿＿＿＿＿　　　　　专　业＿＿＿＿＿＿＿＿

班　级＿＿＿＿＿＿＿　　姓　名＿＿＿＿＿＿＿　　学　号＿＿＿＿＿＿＿

光伏控制器 BUCK 电路测试实验报告

1. 实验目的

2. 实验原理

3. 实验方法

4. 实验结果

（1）数据记录。

手动充电占空比	BUCK 电路输入电压/V	BUCK 电路输入电流/A	BUCK 电路输出电压/V	BUCK 电路输出电流/A
10%				
20%				
30%				
40%				
50%				
60%				
70%				
80%				
90%				
100%				

（2）分析整理输出电压与占空比的关系并描点绘制比例曲线。

5. 思考题

（1）BUCK 电路的输出电感、电容选择遵循什么原则？

（2）BUCK 电路的续流二极管的作用是什么？

4.2.3　光伏控制器 BUCK 电路元件参数实验

1. 实验目的

进一步掌握 BUCK 电路的特性。

动手搭建 BUCK 电路,熟悉 BUCK 电路的组成。

学会选取器件如电感、电容,理解 BUCK 电路中电感、电容对电路的影响。

2. 实验原理

电感选型需要考虑电感 L、自谐频率 f_0、内阻 DCR、饱和电流 I_{sat}、有效电流 I_{rms} 等参数。

(1) 电感 L。L 越大,储能能力越强,纹波越小,所需的滤波电容也越小。但是 L 越大,通常要求电感尺寸也会变大,DCR 增加,导致效率降低,在频率不变的情况下电感值变大,电源的动态响应也会相应变差,所以电感值的选取可以根据电路的具体应用要求来调整以达到最理想效果。

(2) 自谐频率 f_0。电感中存在寄生电容,使得电感存在一个自谐频率 f_0。高于 f_0 时,电感表现为电容效应;低于 f_0 时,电感才表现为电感效应(阻抗随频率增大而增加)。

(3) 内阻 DCR。内阻 DCR 指电感的直流阻抗。该内阻造成的能量损耗,一方面造成 BUCK 回路效率降低,另一方面也会导致电感发热。

(4) 饱和电流 I_{sat}。饱和电流 I_{sat} 通常指电感量下降 30% 时对应的直流电流值。

(5) 有效电流 I_{rms}。有效电流 I_{rms} 通常指电感表面温度上升到 40℃ 时的等效电流值。

3. 实验设备

光伏发电控制器原理实验箱、示波器、连接线若干。

4. 实验步骤

(1) 将实验箱接通电源,并检查供电是否良好。

(2) 取出连接线,将中央处理器的 PWM1 端口接入 MOS 管驱动电路。

(3) 将中央处理器 CS1 接入 MOS 管驱动电路使能端口。

(4) 将 HO 接入 G1,将 VS 接入公共端,将 LO 接入 G2,驱动连接完毕。

(5) 将公共端与电感端连接,将输出端与电容端连接,BUCK 电路搭建完毕。

(6) 将中央处理器 GND 端与 MOS 管驱动供电端连接,将 MOS 管驱动供电端与 MOS 管驱动电路 GND 端连接,并与 BUCK 电路输出端连接,将"+15V"端连接"+15V"。BUCK 驱动供电连接完毕。

(7) 将备用电源"+"端连接到电流表1,将电流表1连接到控制器输入"+"端。

(8) 将备用电源"—"端连接到控制器输入端。

(9) 将 BUCK 电路输出端连接到电流表2,将电流表2连接到蓄电池正极。

(10) 将电压表2连接到 BUCK 电路输出端,输出测量电路搭建完毕。

(11) BUCK 电路公共端连接蓄电池负极。

(12) 检查电路完整后,打开电源开关和蓄电池开关。

(13) 操作光伏控制器控制屏,按中间确认按键选择"手动充电"选项,按上、下键调节占空比至电压表 2 示数在 12V 左右。记录下电压表 2、电流表 2 以及电感选择的参数，并用示波器对当前输出电压的波形、纹波的电压进行记录。

（14）将电感端断开，重新插入电感，观察电压表 2、电流表 2 的示数及电感参数并用示波器对当前输出电压的波形、纹波电压进行记录。

（15）将每次试验的电感值、电压表 2、电流表 2 的数值和每次记录的波形、纹波电压进行记录并制作表格。

（16）改变电路中电容的参数，依次切换端口，并记录每次切换的电容值，电压表 2、电流表 2 的数值及每次输出电压的波形、纹波电压并制作表格。

5. 注意事项

（1）实验箱为交流 220V 电源供电，使用时务必注意用电安全。

（2）实验前，确保各连接线连接正确。

（3）备用电源端口严禁与电流表并联使用。

（4）BUCK 电路输出端严禁与电流表并联使用。

（5）确保中央处理器共地端、MOS 驱动供电 GND 端、MOS 管驱动电路共地端、BUCK 电路共地端稳定相连，以保证实验稳定进行。

（6）使用示波器进行测试时务必将示波器公共端与实验箱 GND 端进行连接。

（7）实验过程中保证 MOS 管驱动电路与 G1、G2 两根 MOS 管进行稳定连接。

光伏控制器 BUCK 电路元件参数实验报告

1. 实验目的

2. 实验原理

3. 实验方法

4. 实验结果

（1）在下方绘制出在 3 种不同电感接入系统时，光伏控制器控制电路的输出波形。

（2）在下方绘制出在 3 种不同电容接入系统时，光伏控制器控制电路的输出波形。

（3）描述不同电感、电容对 BUCK 电路造成的影响。

5. 思考题

（1）BUCK 电路的输出电容对负载是否有影响？

（2）BUCK 电路中续流二极管选择应该遵循什么原则？

4.2.4　光伏发电控制器最大功率点跟踪实验

1. 实验目的

手动追踪当前蓄电池的最大充电功率。

2. 实验原理

光伏电池输出特性具有明显的非线性。这种非线性受到外部环境（日照强度、温度、负载）及本身技术指标（输出阻抗）等因素的影响，只有在某一电压下才能输出最大功率，这时光伏阵列的工作点就达到了输出功率电压曲线的最高点，称为最大功率点。目前光伏电池的光电转换率较低，为有效利用光伏电池追踪最大功率点显得非常重要。本实验依据光伏发电特点，通过手动调节系统参数，完成对光伏系统的最大功率点跟踪。

3. 实验设备

光伏发电控制器原理实验箱 1 台，连接线若干。

4. 实验步骤

将蓄电池放电至 12V 以下，通电逐步升高手动充电模式下的占空比，电压每升高 0.2V 记录 1 次。

5. 注意事项

计压时不得超过 14.7V。

学　院_____　　　　　　　专　业_____
班　级_____　　姓　名_____　　学　号_____

光伏发电控制器最大功率点跟踪实验报告

1. 实验目的

2. 实验原理

3. 实验方法

4. 实验结果

（1）数据记录。

序号	电压/V	电流/A	充电功率/W	最大功率点
1	12.0			
2	12.2			
3	12.4			
4	12.6			
5	12.8			
6	13.0			
7	13.2			
8	13.4			
9	13.6			
10	13.8			
11	14.0			
12	14.2			
13	14.4			

（2）通过以上数据找出光伏发电系统的最大功率点，并绘制出光伏组件的 *PV* 曲线，确定组件的最大功率点，并对比两个最大功率点是否在同一位置。

4.2.5　三段式充电观察实验

1. 实验目的

了解三段式充电过程，观察不同阶段电流、电压值的变化。

2. 实验原理

容量和寿命是蓄电池的重要参数。20 世纪 60 年代末期，美国科学家马斯提出了以最低出气率为前提的蓄电池可接受充电电流与充电时间曲线，如图 4.9 所示，充电电流轨迹为一条呈指数规律下降的曲线。

传统定电压充电和定电流充电均不能提高电池的充电效率，而依据图 4.10 充电曲线提出的三段式充电理论则可以大大提高电池的充电效率，缩短充电时间，并能有效延长电池寿命。三段式充电采用先恒流充电，再恒压充电，最后浮充进行维护充电。

普通三段式铅酸蓄电池充电器的充电过程如图 4.10 所示。

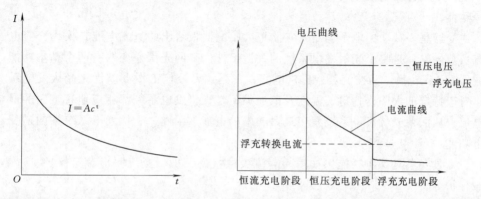

图 4.9　蓄电池可接受充电电流与充电时间曲线　图 4.10　普通三段式铅酸蓄电池充电器的充电过程

（1）恒流段。当电池电压较低时，为了避免充电电流过大损坏电池，应该限制充电电流不能过大；为了缩短充电时间，应使用允许的最大电流充电，所以采用恒流充电。

（2）恒压段。当恒流充电结束后，输出电压恒定为 12V，并保持这个恒定电压对电池充电。在恒压充电过程中，电池电压越来越高，电流越来越小。当充电电流下降到 0.5C（C 为单节电池的电容量）时，恒压充电结束，然后转入下一阶段充电。恒压充电阶段就是对电池补充充电，结束时电池已基本充满。

（3）浮充段。浮充充电也称为涓流充电，浮充电阶段实际上也是恒压充电，只是充电电压较低、电流较小，属保养性充电，允许较长时间安全充电。

3. 实验设备

光伏发电控制器原理实验箱、连接线若干。

4. 实验步骤

（1）将蓄电池电压放电至 10.5V。

（2）接好充电主电路。

（3）通电，通过按键选择三段式充电模式。

（4）通电，每过 5min 记录 1 次，直至蓄电池充至浮充，即电压恒定在 13.8V，电流为 0.1A。

4.3　光伏离网逆变器的工作原理与功能

在离网光伏发电系统中，逆变器的效率将直接影响整个系统的效率，因此，研究太阳能光伏发电系统逆变器的控制技术具有重要意义。在逆变器的设计中，通常采用模拟控制方法。但模拟控制系统中存在很多缺陷，如元器件的老化及温漂效应、对电磁干扰较为敏感、使用的元器件数目较多等。典型的模拟 PWM 逆变器控制系统采用自然采样法将正弦调制波与三角载波进行比较，从而控制触发脉冲。但三角波发生电路在高频（20kHz）时容易被温度、元器件特性等因素干扰，导致输出电压中出现直流偏移、谐波含量增加、死区时间变化等不利影响。高速数字信号处理器的发展与应用，使光伏逆变器的数字化控制成为可能。因其大部分指令可在指令周期内完成，因此可以实现较为复杂的先进控制算法，进一步改善输出波形的动态性能和稳态性能，简化整个系统的设计，使系统具有良好的一致性。

逆变器是一种功率电子电路，它能把太阳电池板输出的直流电能转换为交流电能来为交流负载供电，是整个光伏发电系统的关键组件。离网光伏逆变器有两个基本功能：一是完成 DC/AC 转换，为交流负载提供电能；二是找出最佳工作点以优化光伏发电系统的效率。对于特定的太阳光辐射、温度及电池类型，光伏发电系统都相应地有唯一的最佳电压及电流，从而使光伏发电系统发出最大功率的电能。因此，光伏发电系统中的逆变器应有以下功能：

（1）具备各种保护功能，如输入直流极性接反保护、交流输出短路保护、过热保护、过载保护等。

（2）具有较宽的直流输入电压适应范围。由于光伏电池阵列的端电压随负载和日照强度而变化，蓄电池虽然对太阳电池的电压具有钳位作用，但由于蓄电池的电压随蓄电池剩余容量和内阻的变化而波动，特别是当蓄电池老化时，其端电压的变化范围很大，如 12V 蓄电池的端电压可在 10～16V 之间变化，这就要求逆变器必须在较宽的直流输入电压范围内保证正常工作并保证交流输出电压稳定在负载要求的电压范围内。

（3）应尽量减少电能变换的中间环节，以节约成本、提高效率。

（4）应具有较高的效率。目前太阳电池的价格偏高，为了最大限度地利用太阳电池，提高系统效率，必须提高逆变器的效率。

（5）应具有较高的可靠性。目前离网光伏发电系统主要用于偏远地区，许多离网太阳能光伏发电系统无人值守和维护，这就要求逆变器具有高的可靠性。

（6）输出电压应与国内市电电压同频、同幅值，以适用于通用电器负载。

（7）在中、大容量的离网光伏发电系统中，逆变器的输出应为失真度较小的正弦波。这是由于在中、大容量系统中，若采用方波供电，则输出将含有较多的谐波分量，高次谐波将产生附加损耗。许多离网光伏发电系统的负载为通信或仪表设备，这些设备对电源品质有较高的要求。对于离网光伏发电系统的逆变器而言，高质量的输出波形有两方面的指标要求：①稳态精度高，包括 THD 值小，基波分量相对参考波形在相位和幅度上无静差；②动态性能好，即在外界扰动下调节快、输出波形变化小。

（8）要具有一定的过载能力，一般能过载 125%～150%。当过载 150% 时，应能持续 30s；当过载 125% 时，应能持续 60s 以上。逆变器应在任何负载条件（过载情况除外）和瞬态情况下，都保证标准的额定正弦输出。

4.4　光伏离网逆变器相关实验*

4.4.1　离网/并网逆变器结构认识实验

1. 实验目的

熟悉逆变器实验箱的具体结构及组成部分。

了解逆变器的组成和逆变的基本工作原理。

2. 实验原理

离网逆变器实验箱主要由电源模块、完整逆变模块、交流负载等模块组成。电源模块给逆变器供电。完整逆变模块由以 ARM 单片机为核心的 PWM 发生器、推挽升压模块、全桥逆变模块组成。交流负载由阻性负载（LED 灯）、感性负载（交流电机）组成。

并网逆变器实验箱主要由电源模块、离网逆变模块、并网逆变模块、交流负载、显示仪表及指示灯等模块组成。电源模块给系统供电。离网逆变模块是由以 ARM 单片机为核心的 PWM 发生器、推挽升压模块、全桥逆变模块组成的 36V 低压逆变器。该逆变器的工作电压处于安全电压范围内，测试过程中不会对操作人员造成伤害，安全可靠。并网逆变模块为 3000W 并网逆变器。交流负载有阻性负载 LED 灯，该负载工作电压为 AC36V，与离网逆变器配合使用。显示仪表包含谐波分析仪、交流电压表、直流电压表和直流电流表 4 种仪表，可以满足所有测量环境。

完整逆变模块基本组成如下：

（1）推挽升压模块。推挽升压电路由两个参数相同的 MOS 管和升压变压器组成，两个 MOS 管的栅极分别接 ARM 单片机产生的两个互补方波而使 MOS 管分别导通，实现"一推一拉"，再经过升压变压器产生高电压。

（2）单片机 PWM 发生器。采用 ARM 单片机，通过编写 PWM 程序，在其 I/O 端口输出可变脉宽及频率的 PWM、SPWM 波。可用计算机将编译成功的程序通过 J - Link 下载器下载到单片机中。

（3）全桥驱动模块。采用两片 IR2110 芯片对单片机产生的两路信号进行处理，由于外接的自举电路使后级逆变电路中桥臂上的 MOS 管栅极和源极之间有一个适当的电压，从而使之饱和导通。

（4）逆变桥路。全桥即"H"桥，当电流流过桥路，通过单片机控制桥路的场效应管通断进而控制"H"桥对管的通断，将直流电变成交流电。电流直接从电源流入桥路，电压峰值不变，从而把高压直流电变成高压交流电。

3. 实验设备

光伏发电逆变器原理与检修实验箱（离网逆变器实验）、光伏并网逆变实验箱（并网逆变器实验）。

4．注意事项

（1）实验前要对逆变器有基本的了解，才能在实验中更深刻地理解逆变的概念，以便开展后续实验。

（2）因为设备电压相对较高，所以严禁带电操作，所有接线、拆线操作需在电源开关关闭的情况下进行，否则极易造成设备损坏！

4.4.2　逆变器 TL494 推挽升压、调压实验

1．实验目的

认识和理解逆变电路触发信号的产生原理及规律。

学会硬件调节信号的脉宽及频率并用示波器观察。

理解推挽升压的工作原理并进行调压实验。

2．实验原理

（1）PWM 波。脉冲宽度调制（PWM）简称脉宽调制，是一种模拟控制方式，其根据相应载荷的变化来调制晶体管基极或 MOS 管栅极的偏置，进而改变晶体管或 MOS 管的导通时间，从而改变开关稳压电源的输出。这种方式使电源的输出电压在工作条件变化时保持恒定，是利用微处理器的数字信号对模拟电路进行控制的一种非常有效的技术。

PWM 控制技术以其控制简单、灵活和动态响应好等优点成为电力电子技术最广泛应用的控制方式，也是研究的热点。由于当今科学技术的发展已经没有学科之间的界限，结合现代控制理论思想或无谐振软开关技术将会成为 PWM 控制技术发展的主要方向之一。

（2）推挽升压电路。推挽升压电路由两个参数相同的 MOS 管和升压变压器组成。推挽变压器的特点是效率高、损耗低，适用于低输入高输出。推挽升压电路如图 4.11 所示，图中 1.2 表示波形相反的两个脉冲信号。采用两个 MOS 管分别开通的结构，输出驱动为推拉输出形式，增加了驱动能力，选取 75N75 场效应管，在可以满足要求的同时内阻较小，是最为合理的选择。

3．实验设备

光伏发电逆变器原理与检修实验箱、双通道示波器、光伏并网逆变实验箱。

4．实验步骤

（1）观察 TL494 的输出波形。首先打开电源开关，用示波器观察面板端口 102 与端口 103（TL494 的输出端）的波形，并分别记录其频率与脉宽。用示波器的通道一和通道二同时分别测端口 102 与端口 103 的波形，示波器负端接在端口 117 上，同时观察两个端口的 PWM 波形是否反相以及死区时间。逆变器端口排列方式面板图如图 4.12 所示。

（2）调节升压。通过调节电压调节旋钮，观察端口 102 与端口 103 波形的变化，并分别记录其频率、脉宽和电压值。关闭电源。

（3）观察推挽电路的输出波形。打开电源开关，用示波器的通道一和通道二同时分别接面板的端口 106、端口 109，示波器负端接在端口 117 上，观察推挽电路升压前的波形并记录。关闭电源。

（4）观察升压后和稳压后的波形。打开电源开关，用示波器的通道一和通道二分别接面板的端口 110、端口 111 和端口 112、端口 113。观察升压后和整流后的波形并记录。

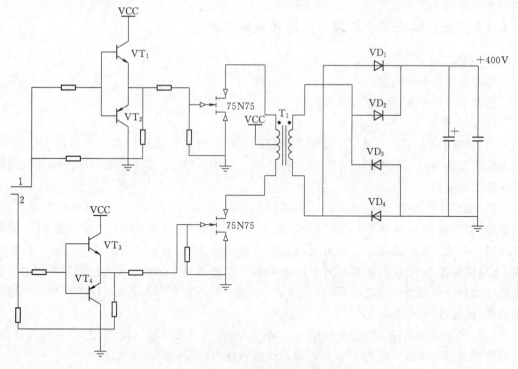

图 4.11　推挽升压电路图

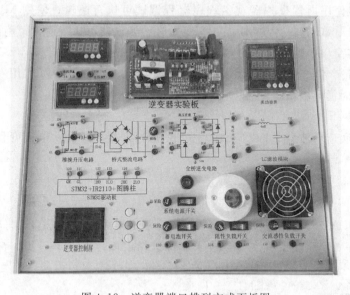

图 4.12　逆变器端口排列方式面板图

5. 注意事项

（1）实验前查阅 TL494 芯片资料，并理解芯片的功能。本次实验开启电源开关时，因逆变升压有高压，应注意安全，以防触电。试验后记录好波形，并分析波形的差异。

（2）因为设备电压相对较高，所以严禁带电操作，所有接线、拆线操作需在电源开关关闭的情况下进行，否则极易造成设备损坏。

4.4.3 方波、修正波驱动波形编译并观察实验

1. 实验目的

熟悉单片机的基本使用方法。

熟悉单片机方波、修正波的程序编写。

2. 实验原理

(1) PIC16F1937。单片微型计算机简称单片机。单片机由运算器、控制器、存储器、输入输出设备构成，相当于一个微型的计算机（最小系统）。和计算机相比，单片机仅缺少外围设备等。

PIC16F1937 为带 LCD 驱动器、采用 nanoWatt XLP 技术的 8 位 CMOS 闪存单片机。其振荡器/时钟的输入频率达 32MHz，指令周期 125μs，最多 1024 字节的数据存储器（RAM）并且带有自动现场保护中断的功能。选用最多 35 个 I/O 引脚和 1 个输入引脚集成 LCD 控制器和 A/D 转换器。其中包含 Time0 和增强型 Time1，带 8 位周期寄存器、预分频器和后分频器的 8 位定时器/计数器，2 个捕捉/比较/PWM 模块（CCP）和 3 个增强型捕捉/比较/PWM 模块（ECCP）。

(2) 程序编写软件 MPLAB 及烧写。MPLAB 集成开发环境（IDE）是综合的编译器、项目管理和设计平台，可与 PIC 系列单片机进行嵌入式设计的应用开发。

MPLAB IDE 提供了以下功能：使用内置编译器创建和编译源代码；汇编、编译和链接源代码；通过使用内置模拟器观察程序流程调试可执行逻辑；使用 MPLAB ICE 2000 和 MPLAB ICE 4000 仿真器或 MPLAB ICD 2 在线调试器可执行逻辑；用模拟器或仿真器测量时间量；在窗口中观察变量。

(3) 单片机产生方波、修正波。单片机产生方波、修正波可利用 Time0、Time1、Time2、I/O 延时循环输出等。

3. 实验设备

PC 机、双通道示波器、PIC16F1937 单片机下载器、光伏发电逆变器原理与检修实验箱。

4. 实验步骤

(1) 用 MPLAB 新建工程。安装 MPLAB 后双击桌面上的图标 将软件打开，点击菜单栏的 "Project" 新建工程文件，进入器件选择窗口；点击下一步，在 Device 中选择 "PIC16F1937"；点击下一步，选择工程文件保存路径（注意必须是在纯英文路径下），保存后会弹出 ，即工程文件存放的路径；点击下一步，完成。至此工程文件就建立好了，并会弹出如图 4.13 所示窗口。

再点击 File $\longrightarrow$ New，新建程序编写区域，如图 4.14 所示。

此时必须要进行保存（注意必须存在工程文件下）。采用汇编程序后缀为 .asm；采用 C 语言程序后缀为 .c。目前工程中还没有程序文件，所以需要加载 .c 文件（.asm 文件）。在 Source Files 处点击鼠标右键，选择 Add Files 找出刚才保存的 .c 文件，选择打开，如

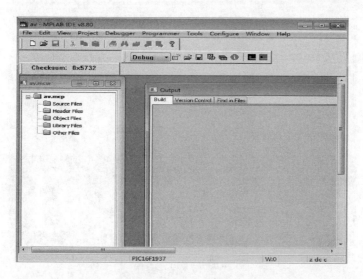

图 4.13 新建工程文件

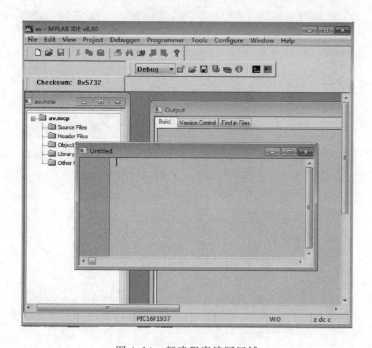

图 4.14 新建程序编写区域

图 4.15 所示。

可以看到写好的 .c 文件已经加载到工程文件了。当源程序写完后点击菜单栏的红色按钮对程序进行编译。如果程序没有错误，在点击编译后会看到图 4.16 所示窗口。

如果程序有语法错误，系统会说明有错误并指出错误所在范围，如图 4.17 所示。

需要根据提示修改错误的语句，直到完全正确为止。

（2）烧写源代码。将实验箱的 USB 数据线连接到电脑上，点击菜单栏上的 "Programmer" ——→ "Slect Programmer" ——→ "PICkit"，把程序下载到单片机上。

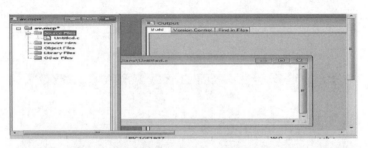

图 4.15　保存程序

图 4.16　编译后窗口图

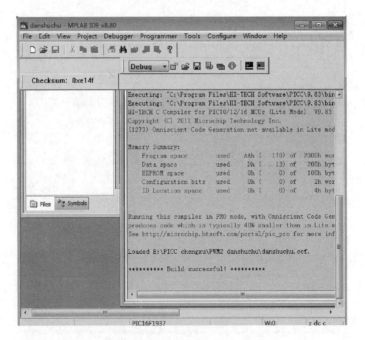

图 4.17　错误提示

（3）观察单片机输出波形。打开电源开关，用示波器通道一和通道二分别接到面板的端口，观察示波器是否有方波输出。

5. 注意事项

本次实验前需认真预习 PIC16F1937 系列单片机知识，才能充分掌握本次实验的原理。

6. 思考题

（1）编写一个 PWM 波形占空比每秒增加 1％的程序，从 1％～99％循环变化，并用示波器观察。

（2）怎样改变占空比？占空比的极限值与哪些因素有关？

4.4.4　全桥驱动实验

1. 实验目的

了解 MOS 管栅极驱动信号的频率及电压。

了解死区时间。

理解运放同相放大的工作原理。

2. 实验原理

金属—氧化物半导体场效应晶体管（Metal Oxide Semiconductor Field Effect Transistor，MOSFET）是由金属、氧化物（SiO_2 或 SiN）及半导体 3 种材料制成的器件。功率 MOSFET（Power MOSFET）是指它能输出较大的工作电流（几安到几十安），用于功率输出级的器件。图 4.18 所示为典型平面 N 沟道增强型 MOSFET 的剖面图。它用一块 P 型硅半导体材料作衬底，在其表面扩散了两个 N 型区，再在上面覆盖一层二氧化硅绝缘层，最后在 N 区上方用腐蚀的方法做成两个孔，用金属化的方法分别在绝缘层上及两个孔内做成 3 个电极，即 G（栅极）、S（源极）及 D（漏极），制备流程如图 4.19 所示。

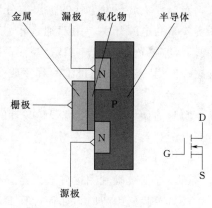

图 4.18　典型平面 N 沟道增强型
MOSFET 的剖面图

3. 实验设备

PC 机、光伏发电逆变器原理与检修实验箱、双通道示波器。

4. 实验步骤

（1）TL494 PWM 波形放大实验。将 TL494PWM 方波发生器的端口 102、端口 103 接到信号放大器输入端端口 104、端口 105。打开电源开关，再用双通道示波器观察信号放大器输出端端口 106、端口 109。首先观察 TL494PWM 方波发生器输出端端口 102、端口 103 的波形，然后观察端口 106、端口 109 的信号经过信号放大器后的输出波形，为相互反相且波峰值为+10V 的方波。端口排列方式如图 4.12 所示。

（2）单片机 PWM 波形放大实验。首先利用 MPLAB 编写单片机 PWM 波形发生程序，编译成功后下载到单片机上，编译及烧写步骤见 4.4.3 节。烧写程序时不用打开实验箱的电源开关。

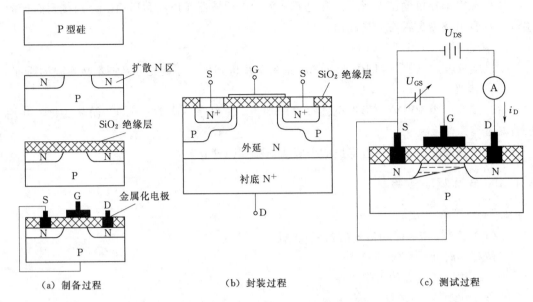

（a）制备过程　　　　　　　　（b）封装过程　　　　　　　　（c）测试过程

图 4.19　N 沟道增强型 MOSFET 制备流程图

　　将单片机波形发生器的输出端分别接到信号放大器的输入端端口 104、端口 105。打开实验箱的电源开关，用双通道示波器观察单片机波形发生器的输出端端口 106、端口 109，示波器负端接端口 117，观察两通道波形反相。再观察信号放大器输出波形，为反相且波峰值为 +10V。通过编写程序改变输出波形的占空比及频率。

　　5. 注意事项

　　实验前做好预习，了解 MOS 管的驱动信号及运放放大原理。进行实验时，实验箱只打开电源开关，其他开关均不打开。利用单片机编程时，多使用不同方式产生 PWM 波。

　　6. 思考题

　　（1）如何准确利用运算放大器进行反相放大，并分析其原理？

　　（2）单片机编程时，如何计算 PWM 的输出频率？

4.4.5　正弦波逆变器与变频实验

　　1. 实验目的

　　了解正弦波逆变器的基本结构。

　　了解正弦波。

　　了解频率对负载的影响。

　　2. 实验原理

　　SPWM（Sinusoidal PWM）法是一种比较成熟的，目前使用较广泛的 PWM 法。采样控制理论中的一个重要结论是：冲量相等而形状不同的窄脉冲加在具有惯性的环节上时，其效果基本相同。SPWM 法就是以该结论为理论基础，用脉冲宽度按正弦规律变化而和正弦波等效的 PWM 波形即 SPWM 波形控制逆变电路中开关器件的通断，使其输出的脉冲电压与所希望输出的正弦波在相应区间内的面积相等，通过改变调制波的频率和幅值则可调节逆变电路输出电压的频率和幅值。

SPWM 波就是在 PWM 的基础上改变调制脉冲方式，使输出波形经过适当的滤波就可以实现正弦波输出。三相 SPWM 是使用 SPWM 模拟市电的三相输出，在变频器领域被广泛采用。

3. 实验设备

光伏发电逆变器原理与检修实验箱、双通道示波器、40W 白炽灯泡、交流电机。

4. 实验步骤

（1）连接实验线。将 TL494 前级驱动的端口 102、端口 103 分别连接到推挽升压电路的输入端端口 104、端口 105，经过推挽升压后的高压端口 112、端口 113 分别连接到全桥逆变的端口 147、端口 149。而单片机产生的正弦信号的输出端端口 205、端口 206 分别连接到全桥驱动的输入端端口 124、端口 125，全桥驱动的输出端端口 126、端口 127、端口 128、端口 129 分别连接到逆变电路的 4 个桥臂上的端口 144、端口 145、端口 146、端口 148。桥臂的输出端端口 150、端口 151 接到滤波电路的输入端端口 130、端口 131，输出端端口 132、端口 133 接到端口 134、端口 135 或端口 136、端口 137，观察阻性负载和感性负载的变化情况。端口排列方式如图 4.12 所示。

（2）波形观察。打开实验箱电源开关和蓄电池开关。用示波器观察逆变器直流升压模块的信号输入端端口 132、端口 133，示波器测试线的负极接 DC/DC、端口 134 或端口 135。观察其输入的波形信号，读出波形的频率，记录并保存波形。

观察逆变器的 H 桥输出逆变信号。用示波器观察信号波端口 138 的波形，示波器测试线负极接逆变端口 136 或端口 137。观察正弦波的波形，记录并保存波形。最后观察逆变器输出波形，观察输出波形为 50Hz、220V 的正弦波交流电，应注意安全。

（3）负载实验。打开交流电动机，其转动说明逆变器已经工作。在插座上接小于200W 的灯泡，观察现象，可串入电流表、并入电压表。

通过逆变器控制屏调节正弦波的频率，分别观察交流电动机的转动情况和灯泡的亮度情况。

5. 注意事项

（1）观察正弦波，并与资料对比，判断是否无误。

（2）注意用电安全，确保接线无误再进行实验。

4.4.6 离网逆变器的创新实验

1. 实验目的

熟悉单片机并通过液晶屏进行人机交互。

了解不同波形及不同频率分别对感性负载或阻性负载的影响。

2. 实验原理

通过逆变器控制屏与单片机进行交互，从而改变单片机的输出波形，观察不同负载的变化。

3. 实验设备

光伏发电逆变器原理与检修实验箱、交流电机、10W 的灯泡。

4. 实验步骤

（1）程序下载。将已经写好的程序下载到实验箱的单片机上。

（2）导线连接。将 TL494 前级驱动的端口 102、端口 103 分别连接到推挽升压电路的输入端端口 104、端口 105，经过推挽升压后的高压端口 112、端口 113 分别连接到全桥逆变的端口 147、端口 149。而单片机产生的正弦信号（端口 205、端口 206）、方波信号（端口 201、端口 202）、修正波信号（端口 203、端口 204）的输出端分别连接到全桥驱动的输入端端口 124、端口 125，全桥驱动的输出端端口 126、端口 127、端口 128、端口 129 分别连接到逆变电路的桥臂上的 4 个端口端口 144、端口 145、端口 146、端口 148。桥臂的输出端端口 150、端口 151 接到滤波电路的输入端端口 130、端口 131，输出端端口 132、端口 133 接到端口 134、端口 135、端口 136、端口 137，分别观察阻性负载和感性负载。

（3）调节逆变器控制屏。通过调节逆变器控制屏的方向按钮来选择要输出的波形，选择输出波形后按下确定键，系统默认输出 50Hz 波形，通过按上、下键进行频率的增或减。

（4）观察负载情况。导线连接好后，选定对应波形，通过控制屏改变单片机输出频率，观察负载的变化。

5. 注意事项

注意单片机输出不同波形时，要把面板上单片机输出的对应波形端口同下一级输入端口连接起来。只有正弦波在接负载前要通过滤波电路，方波、修正波直接接负载。

6. 思考题

（1）为什么正弦波输出要接滤波电路？

（2）不同波形对阻性负载和感性负载分别有什么影响？

4.5　光伏并网逆变器相关实验

4.5.1　并网逆变器转换效率测试实验

1. 实验目的

理解并测量并网逆变器的转换效率。

了解光伏并网逆变器欧洲效率的概念和测试方法。

了解光伏并网逆变器美国效率的概念和测试方法。

了解光伏并网逆变器中国效率的概念和测试方法。

2. 实验原理

光伏逆变器的转换效率是指光伏逆变器在交流端输出的能量与直流输入的能量的比值。逆变转换效率由热量损耗和最大功率点跟踪能力两大因素决定。

通过可编程直流电源模拟光伏阵列输出，并调节其输出电压和输出功率，以测试光伏并网逆变器在不同电压等级下的工作状态。采用功率分析仪对光伏并网逆变器的输入功率和输出功率进行测试，两者比值即为光伏并网逆变器的转换效率。光伏并网逆变器测试结构示意图如图 4.20 所示。

光伏并网逆变器是太阳能光伏电站中重要的能量转化器件，因此并网逆变器的效率对于发电量具有非常大的影响。光伏并网逆变器的效率分为静态 MPPT 效率、动态 MPPT

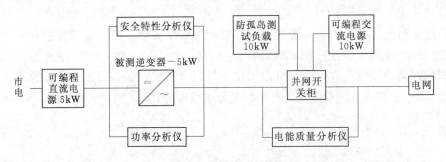

图 4.20 光伏并网逆变器测试结构示意图

效率、转换效率和总效率等效率表征指标。欧洲、美国和中国也根据自身太阳能资源的特征提出了新的逆变器效率计算公式，分别称为欧洲效率、美国效率和中国效率。

（1）光伏并网逆变器静态 MPPT 效率计算方法。首先确定被测光伏并网逆变器的工作电压和 MPPT 电压跟踪范围，将光伏阵列模拟器的设计电压调整到光伏并网逆变器的 MPPT 电压跟踪范围内，通过设置不同的光照条件来模拟光伏并网逆变器的静态工作环境。分别设置 $500\,W/m^2$、$800\,W/m^2$ 和 $1000\,W/m^2$ 3 种光照环境，读取功率分析仪得到光伏并网逆变器的输入和输出功率，两者比值为光伏并网逆变器的 MPPT 效率。再将 3 种光照条件下的效率平均，即为光伏并网逆变器的标称静态 MPPT 效率。

（2）光伏并网逆变器动态 MPPT 效率计算方法。

1）光伏并网逆变器动态 MPPT 测试的意义。在现实生活中，由于阳光照射角度、云层、阴影等多种因素影响，光伏阵列接受到的阳光辐照度和相应温度在不同的条件下差别很大。例如早晨或中午、天气晴朗或多云，特别是云层遮掩，均可能造成短时间内辐照度的剧烈变化。因此光伏逆变器必须具备应对阳光辐照度持续变化的策略，始终维持或者是在尽可能短的时间内恢复到一个较高的 MPPT 精度水平和较高的转化效率，才能实现良好的发电效果。

目前光伏逆变器行业中各大厂商对于静态 MPPT 追踪算法的处理基本都展现出了很高的水准，可以精确地维持在非常接近 100% 的水平，为后端直流转交流的过程提供了良好的基础。这一点也体现在各个型号逆变器的总体效率参数上，标称值一般都很高。而在逆变器的实际工作环境中，日照、温度等外部条件处于实时动态变化的过程中，逆变器在这样的条件下工作，其动态效能也就成为衡量其实际性能的不可忽视的重要指标。

2）实验室条件下的测试方法。在实验室的测试环境下，光伏阵列模拟器作为可以直接模拟各种类型、各种配置的光伏阵列的高效模拟器，已经被广泛应用于逆变器的测试。但此前的测试更多地集中于模拟各种静态条件下（即在测试过程中维持给定的 IV 曲线不变化），或者是有限的低强度变化（如测试过程中会在给定的两条或数条 IV 曲线之间切换），较少涉及长时间、高强度的真实工作状况的模拟。笔者关注使用光伏阵列模拟器来模拟光伏阵列随时间而发生动态变化的输出，探究此动态 MPPT 测试功能的实用性和其中需要注意的要点。

由于动态天气的组合方式很多，但首要的问题是光伏阵列模拟器提供了哪些典型类型的天气文档，以及是否有足够的灵活度来供客户自行生成新的天气文档，是否提供足够高的时间分辨率来支持快速的辐照度变化。以阿美特克 ELGAR 的光伏阵列模拟器产品为例，其提供了晴天、多云、阴天等状况的典型天气情况实例，另外支持直接在软件内制定或者通过外部数据处理软件（如 EXCEL）生成自定义天气文档，时间分辨率为 1s。对于天气文档的时间长度则没有限制，可以支持长时间的测试，如一周甚至更长时间。

晴天与阴天光照条件波动曲线如图 4.21 所示，横轴为时间，E 表示辐照度，T 表示温度。

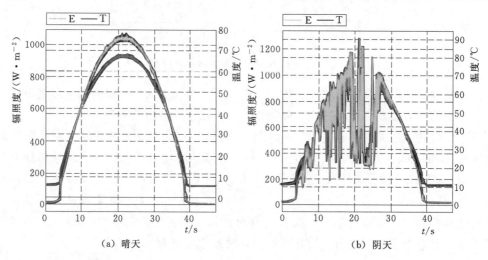

图 4.21　晴天与阴天光照条件波动曲线

3）业内标准测试形态。业内部分组织也定义了一些"标准"的测试形态，以便对不同的逆变器按照相同标准来做比对。

a. 定义辐照度和温度变化的不同模式：①快速变化（辐照度 3s 内从 $100W/m^2$ 线性升至 $800W/m^2$ 并反向下降）；②慢速变化（辐照度 0.5h 从 0 线性升至 $1000W/m^2$ 然后相同速率降回 0，同期温度从 5℃升到 60℃再回到 5℃）；③三角变化（辐照度 30s 从 $100W/m^2$ 线性升至 $800W/m^2$ 然后相同速率降回 $100W/m^2$，重复 60 次）；④温度变化（10s 从 35℃线性升温至 75℃然后相同速率降回 35℃，重复 15 次）。

b. IEC/EN50530 在附录 B 中定义了不同的测试模式：①低辐照度到中辐照度的不同速率往复变化（从 $100W/m^2$ 到 $500W/m^2$ 的变化，11 种不同速率，最慢 800s，最快 8s）；②中辐照度到高辐照度的不同速率往复变化（从 $300W/m^2$ 到 $1000W/m^2$ 的变化，6 种不同速率，最慢 70s，最快 7s）。

c. 北京鉴衡认证中心 CGC/GF004 对于动态效率的测试模式定义与 EN50530 的相同。这些标准提供了很好的参考条件，便于各逆变器厂商进行有针对性的改善动态 MPPT 性能的研究。这些标准更多关注辐照度的变化而非温度的变化，这是由于光伏组件的输出功率受辐照度影响特别剧烈，而受温度的影响则相对较小。需要注意的是，这些标准对于辐照度变化的时间分辨率并没有给出强制性的要求，但是其本质上会要求在以秒为基础单位的同时进行进一步的线性内插，以满足该种测试形态。

4）光伏并网逆变器动态 MPPT 的详细测试方法。以 EN50530 为例，其对于辐照度变化速率的最快的要求是 $100Ws/m^2$，以 7s 实现从 $300W/m^2$ 到 $1000W/m^2$ 的变化。如果只是采纳 1s 变化一次辐照度的方法，则将得到以 1s 为步进的阶梯状辐照度变化图档，如图 4.22（a）所示，而非标准所要求的线性变化状辐照度图档，如图 4.22（b）所示。

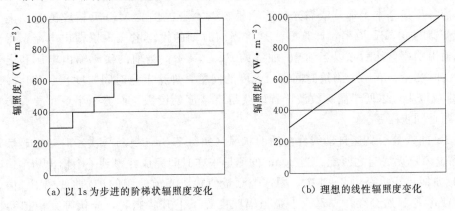

(a) 以 1s 为步进的阶梯状辐照度变化　　　　　(b) 理想的线性辐照度变化

图 4.22　辐照度变化曲线

通过简单的计算，以一个在标准测试状态下（STC，1000W/m^2，25℃）标称为 1kW 的逆变器为例，来评估这种阶梯状变化方式的影响能有多大。按照 EN50530 附录 C 中定义的光伏阵列 U 曲线拟合公式，相应的晶硅模型和薄膜模型在对应辐照度下的理论最大功率点见表 4.1。

表 4.1　　　　　晶硅模型和薄膜模型在对应辐照度下的理论最大功率点

辐照度/($\text{W} \cdot \text{M}^{-1}$)	晶硅 P_{mp}/W	薄膜 P_{mp}/W
300	291.6	300.7
400	394.3	404.8
500	497	507.9
600	599.3	609.9
700	700.8	710.3
800	801.4	808.9
900	900.9	905.7
1000	999.3	1000.3

也就是说每次辐照度变化 100W/m^2 会导致光伏阵列模拟器的输出 IU 曲线的最大功率点（以下简称 P_{mp}）有一个约 10% 标称功率的跳变。另外，通过简单的计算便可得出阶梯状变化方式与理想情况下逆变器供应功率的差异。在辐照度线性增大的 7s 内晶硅模型的供应功率减少 707W，薄膜模型的供应功率减少 700W，即大约少供应 100W/s，约 10% 标称功率的供应不足。同理，当辐照度线性减少时大约多供应 100W/s，约 10% 标称功率的供应过量。这种高达 10% 的供应功率差异完全是由光伏阵列模拟器本身的算法导致的。对于高速逆变器来说，这种差异可能严重影响其性能表现，使其无法发挥出自己的真实能力，无法与其他的相对低速的逆变器区分开来。

解决的方法是在每秒间进行线性内插，使得光伏阵列模拟器给出的 IU 曲线尽可能地贴合理想的线性变化。例如阿美特克 ELGAR 的光伏阵列模拟器可以在每秒之间线性内插

128 次，也就是每 7.8ms 就会自动变更一条新的 IU 曲线，相当于曲线之间几乎是无缝切换。但是这样高速的变化会引入另一个问题，即 MPPT 追踪精度的计算问题。

目前各厂家基本上都是依靠光伏阵列模拟器本身提供的 MPPT 精度测量功能来直接计算逆变器的 MPPT 效率，计算方法是将当前时刻的输出电压乘以输出电流，得到当前的实际输出功率，然后除以当前 IU 曲线的 P_{mp}。其中，当前的实际输出电压和电流值需要进行实时测量，有一个测量时间窗口长度的问题，理论上是时间长度长一些比较好，例如 20ms 或以上，以便于滤除纹波干扰以获得高精度的读数；而另一个更重要、影响也更大的问题是同步问题。

当 IU 曲线处于高速自动线性内插的状况（如每 7.8ms 更新一次）时，很显然常规的 20ms 测量窗口无法与之匹配，当 20ms 的测量采样时间完成并得到一个输出功率值时，此时的 IU 曲线已经更新了 2~3 次，用这个测量值除以当前使用的 IU 曲线的 P_{mp} 值，得到的 MPPT 效率显然会存在失真。于是当辐照度处于上升状态时，光伏阵列模拟器报告的 MPPT 效率会偏低；当辐照度处于下降状态时，光伏阵列模拟器报告的 MPPT 效率会偏高。图 4.23 显示的是一个辐照度以 $100W/m^2$ 的速率从 $1000W/m^2$ 下降至 $300W/m^2$，同时光伏阵列模拟器进行 128 次/s 内插的测试结果。可以清楚地看到，红色线代表的光伏阵列模拟器报告的实际输出功率高出蓝色线代表的线性下降的理想 IU 曲线的 P_{mp}，以至于计算得到的 MPPT 效率会出现超过 100% 的情况。

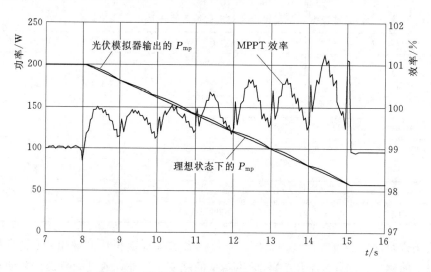

图 4.23　光伏阵列模拟器内插 128 次测试结果

图 4.23 中在 $100W/m^2/s$ 的辐照度线性下降情况下，带高速线性内插功能的光伏阵列模拟器报告的 MPPT 效率存在较大的误差。

为了解决此问题，需要选取适当的 IU 曲线更新速率以及测量时间窗口。例如阿美特克 ELGAR 光伏阵列模拟器允许用户设置禁用 128 次/s 的仪器自动内插更新 IU 曲线功能，而启用软件统一控制的每 100ms 更新一次 IU 曲线的方法，而同样由软件来操作在此期间的输出功率回读，这样就可以确保当前输出功率的测量与 IU 曲线更新的同步问题。这样 IU 曲线的更新速率为 10 次/s，可以使得供应给逆变器的功率跳变，以及供应能量与

理想情况的差异均缩减为 1％ 的量级，无疑是目前市面上性能表现最为优秀的光伏阵列模

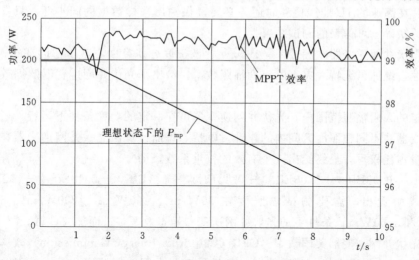

图 4.24　光伏阵列模拟器内插 10 次测试结果

拟器。图 4.24 是采用该方式后的测试结果。可以看到代表实际输出功率测量结果的红色轨迹极好地匹配了代表理想 P_{mp} 变化的蓝色轨迹。图 4.24 显示了更长时间上的测试结果，包含辐照度下降和上升的两种情况。说明当前这款逆变器可以非常良好地适应这种 $1000W/m^2$ 的辐照度变化速率，维持 99％ 以上的 MPPT 效率。

图 4.24 $100W/m^2/s$ 的辐照度线性下降情况下，开启软件 10 次/s 线性内插功能的光伏阵列模拟器报告的 MPPT 效率。

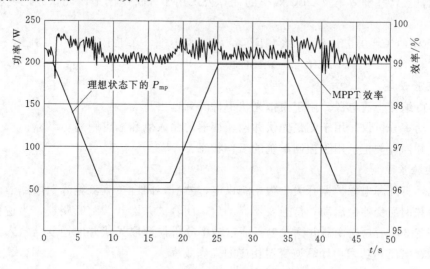

图 4.25　长时间照射下内插 10 次测试结果

图 4.25 更长时间的 $100W/m^2/s$ 的辐照度线性下降情况下，开启软件 10 次/s 线性内插功能的光伏阵列模拟器报告的 MPPT 效率。

综上所述，当需要在实验室里进行动态的天气状况模拟时，需要能够构建或加载各种复杂天气状况以及国际规范定义的典型测试模式，构建的天气文档的时间分辨率达到秒

级，而实际的 IU 曲线更新速率需要更快（如 10 次/s）以满足平滑变化及符合实际状况的要求，同时在高速的 IU 曲线更新时还务必要确保输出采样数据的同步性，只有这样，才能得到足够精确、可信赖的测试结果。

（3）光伏并网逆变器欧洲效率。1990 年，欧洲联合研究中心基于德国 Teier 地区太阳能资源特性，统计了无特大灾害的年度辐照数据，给出了光伏并网逆变器欧洲效率的计算方法。

在给定的太阳辐照范围内，光伏并网逆变器可在一定的功率条件下运行，通过计算光伏并网逆变器在不同辐照度区间内的累计发电量，进而计算出光伏并网逆变器在此辐照区间内的能量占比权重，最终给出 6 个有效的权重系数，即

$$\text{Eff Euro} = 0.03\text{Eff}_{5\%} + 0.06\text{Eff}_{10\%} + 0.13\text{Eff}_{20\%} + 0.1\text{Eff}_{30\%} + 0.48\text{Eff}_{50\%} + 0.2\text{Eff}_{100\%}$$

从上式中看出，需要测试辐照度在 $50\text{W}/\text{m}^2$、$100\text{W}/\text{m}^2$、$200\text{W}/\text{m}^2$、$300\text{W}/\text{m}^2$、$500\text{W}/\text{m}^2$ 和 $1000\text{W}/\text{m}^2$ 条件下的光伏并网逆变器静态效率，进而加权计算。

（4）光伏并网逆变器美国效率。CEC（California Energy Commission）效率是加州能源委员会于 2004 年提出的，基于美国加利福尼亚州太阳能辐照度数据，采用欧洲效率的计算方法的电器能效规程。

$$\text{Eff CEC} = 0.04\text{Eff}_{10\%} + 0.05\text{Eff}_{20\%} + 0.12\text{Eff}_{30\%} + 0.21\text{Eff}_{50\%} + 0.53\text{Eff}_{75\%} + 0.05\text{Eff}_{100\%}$$

欧洲效率以及美国效率都充分考虑了光伏并网逆变器运行现场的辐照度条件以及实际运行的工况，给出了计算光伏并网逆变器平均效率的方法，其评价方式被广泛接受。

（5）光伏并网逆变器中国效率。我国太阳能资源与欧美地区有较大的差异，在不同的太阳能辐照条件下，给定功率条件下的运行时间不同，其对应的权重系数也不同，所以不能盲目地直接将欧洲效率及 CEC 效率的计算公式用于评价中国地区光伏并网逆变器的发电性能。

$$\text{Eff CGC} = 0.02\text{Eff}_{10\%} + 0.03\text{Eff}_{15\%} + 0.06\text{Eff}_{20\%} + 0.12\text{Eff}_{30\%} + 0.25\text{Eff}_{50\%}$$
$$+ 0.37\text{Eff}_{75\%} + 0.15\text{Eff}_{100\%}$$

3．实验设备

（1）可编程直流电源。用于模拟光伏组件阵列输出。

（2）功率分析仪。用于测量光伏并网逆变器的输入侧和输出侧的功率。

（3）并网开关柜。用于控制系统的工作状态。

4．实验步骤

首先，打开漏电保护器开关，为系统供电；然后，闭合"直流输入"断路器，等待一段时间后并网逆变器会启动；待逆变器启动后，闭合"并网开关"断路器，为逆变器接入市电，等待 30s 后，逆变器并网发电。通过功率分析仪读取光伏并网逆变器输入侧和输出侧的电压、电流和功率，计算逆变器相应的工作效率。

5．注意事项

因为设备电压相对较高，所以严禁带电操作，所有接线、拆线操作须在电源开关关闭的情况下进行，否则极易造成设备损坏。

不同电压等级下光伏并网逆变器静态 MPPT 效率测试实验报告

1. 实验目的

2. 实验原理

3. 实验方法

4. 实验结果

（1）数据记录。在光伏阵列模拟器中设定不同电压等级的输出，测试相应条件下的效率。设定光伏并网逆变器的工作电压上限为 U_{max}，启动电压为 U_{min}。

序号	光伏阵列模拟器操作 设定电压	功率分析仪操作						效率
		输入电流/A	输入电压/V	输入功率/W	输出电流/A	输出电压/V	输出功率/W	
1	U_{min}							
2	$20\%U_{max}$							
3	$30\%U_{max}$							
4	$40\%U_{max}$							
5	$50\%U_{max}$							
6	$60\%U_{max}$							
7	$70\%U_{max}$							
8	$80\%U_{max}$							
9	$90\%U_{max}$							
10	$100\%U_{max}$							

（2）绘制不同电压等级下的效率曲线。

学　院＿＿＿＿＿＿　　　　　　专　业＿＿＿＿＿＿
班　级＿＿＿＿＿＿　　姓　名＿＿＿＿＿＿　　学　号＿＿＿＿＿＿

不同功率下光伏并网逆变器静态 MPPT 效率测试实验报告

1. 实验目的

2. 实验原理

3. 实验方法

4. 实验结果

选取 1kW、3kW 和 5kW 三款光伏并网逆变器，分别进行静态 MPPT 效率测试。

1kW 光伏并网逆变器测试数据

序号	光伏阵列模拟器操作	功率分析仪操作						效率
	设定环境	输入电流/A	输入电压/V	输入功率/W	输出电流/A	输出电压/V	输出功率/W	
1	500W/m²							
2	800W/m²							
3	1000W/m²							
4	静态 MPPT 效率							

3kW 光伏并网逆变器测试数据

序号	光伏阵列模拟器操作	功率分析仪操作						效率
	设定环境	输入电流/A	输入电压/V	输入功率/W	输出电流/A	输出电压/V	输出功率/W	
1	500W/m²							
2	800W/m²							
3	1000W/m²							
4	静态 MPPT 效率							

5kW 光伏并网逆变器测试数据

序号	光伏阵列模拟器操作	功率分析仪操作						效率
	设定环境	输入电流/A	输入电压/V	输入功率/W	输出电流/A	输出电压/V	输出功率/W	
1	500W/m²							
2	800W/m²							
3	1000W/m²							
4	静态 MPPT 效率							

5. 思考题

对比不同功率等级光伏并网逆变器在静态 MPPT 效率上的差异以及在不同光照环境下的差异，分析差异原因。

学　院＿＿＿＿＿＿＿＿＿　　　　　　　　专　业＿＿＿＿＿＿＿＿

班　级＿＿＿＿＿＿＿＿　　姓　名＿＿＿＿＿＿＿＿　　学　号＿＿＿＿＿＿＿＿

光伏并网逆变器动态 MPPT 效率测试实验报告

1. 实验目的

2. 实验原理

3. 实验方法

4. 实验结果

（1）结果记录。不考虑温度变化测试半小时完成往复循环测试。

序号	光伏阵列模拟器操作 设定环境	功率分析仪操作						时间	效率
		输入电流/A	输入电压/V	输入功率/W	输出电流/A	输出电压/V	输出功率/W		
1	0W/m²								
2	100W/m²								
3	200W/m²								
4	300W/m²								
5	400W/m²								
6	500W/m²								
7	600W/m²								
8	700W/m²								
9	800W/m²								
10	900W/m²								
11	1000W/m²								
12	900W/m²								
13	800W/m²								
14	700W/m²								
15	600W/m²								
16	500W/m²								
17	400W/m²								
18	300W/m²								
19	200W/m²								
20	100W/m²								
21	0W/m²								
22	动态 MPPT 效率								

绘制出不同环境下的效率曲线。

（2）考虑温度变化测试半小时完成往复循环测试。

序号	光伏阵列模拟器操作		功率分析仪操作						时间	效率
	设定环境	温度	输入电流/A	输入电压/V	输入功率/W	输出电流/A	输出电压/V	输出功率/W		
1	0W/m²	5℃								
2	100W/m²	10℃								
3	200W/m²	15℃								
4	300W/m²	20℃								
5	400W/m²	25℃								
6	500W/m²	30℃								
7	600W/m²	35℃								
8	700W/m²	40℃								
9	800W/m²	45℃								
10	900W/m²	50℃								
11	1000W/m²	55℃								
12	900W/m²	50℃								
13	800W/m²	45℃								
14	700W/m²	40℃								
15	600W/m²	35℃								
16	500W/m²	30℃								
17	400W/m²	25℃								
18	300W/m²	20℃								
19	200W/m²	15℃								
20	100W/m²	10℃								
21	0W/m²	5℃								
22	动态 MPPT 效率									

绘制出不同环境下的效率曲线。

（3）低辐照度下 5s 间隔完成往复循环测试。

序号	光伏阵列模拟器操作 设定环境	功率分析仪操作						时间	效率
		输入电流 /A	输入电压 /V	输入功率 /W	输出电流 /A	输出电压 /V	输出功率 /W		
1	0W/m²								
2	100W/m²								
3	200W/m²								
4	300W/m²								
5	400W/m²								
6	500W/m²								
7	400W/m²								
8	300W/m²								
9	200W/m²								
10	100W/m²								
11	0W/m²								
12	动态 MPPT 效率								

（4）低辐照度下 10s 间隔完成往复循环测试。

序号	光伏阵列模拟器操作 设定环境	功率分析仪操作						时间	效率
		输入电流 /A	输入电压 /V	输入功率 /W	输出电流 /A	输出电压 /V	输出功率 /W		
1	0W/m²								
2	100W/m²								
3	200W/m²								
4	300W/m²								
5	400W/m²								
6	500W/m²								
7	400W/m²								
8	300W/m²								
9	200W/m²								
10	100W/m²								
11	0W/m²								
12	动态 MPPT 效率								

（5）低辐照度下 15s 间隔完成往复循环测试。

序号	光伏阵列模拟器操作	功率分析仪操作						时间	效率
	设定环境	输入电流/A	输入电压/V	输入功率/W	输出电流/A	输出电压/V	输出功率/W		
1	0W/m²								
2	100W/m²								
3	200W/m²								
4	300W/m²								
5	400W/m²								
6	500W/m²								
7	400W/m²								
8	300W/m²								
9	200W/m²								
10	100W/m²								
11	0W/m²								
12	动态 MPPT 效率								

（6）低辐照度下 20s 间隔完成往复循环测试。

序号	光伏阵列模拟器操作	功率分析仪操作						时间	效率
	设定环境	输入电流/A	输入电压/V	输入功率/W	输出电流/A	输出电压/V	输出功率/W		
1	0W/m²								
2	100W/m²								
3	200W/m²								
4	300W/m²								
5	400W/m²								
6	500W/m²								
7	400W/m²								
8	300W/m²								
9	200W/m²								
10	100W/m²								
11	0W/m²								
12	动态 MPPT 效率								

绘制低辐照度下不同时间间隔的效率曲线。

（7）中辐照度下 5s 间隔完成往复循环测试。

序号	光伏阵列模拟器操作 设定环境	功率分析仪操作						时间	效率
		输入电流 /A	输入电压 /V	输入功率 /W	输出电流 /A	输出电压 /V	输出功率 /W		
1	300W/m²								
2	400W/m²								
3	500W/m²								
4	600W/m²								
5	700W/m²								
6	800W/m²								
7	900W/m²								
8	1000W/m²								
9	900W/m²								
10	800W/m²								
11	700W/m²								
12	600W/m²								
13	500W/m²								
14	400W/m²								
15	300W/m²								
16	动态 MPPT 效率								

（8）中辐照度下 10s 间隔完成往复循环测试。

序号	光伏阵列模拟器操作 设定环境	功率分析仪操作						时间	效率
		输入电流 /A	输入电压 /V	输入功率 /W	输出电流 /A	输出电压 /V	输出功率 /W		
1	300W/m²								
2	400W/m²								
3	500W/m²								
4	600W/m²								
5	700W/m²								
6	800W/m²								
7	900W/m²								
8	1000W/m²								
9	900W/m²								
10	800W/m²								
11	700W/m²								
12	600W/m²								
13	500W/m²								
14	400W/m²								
15	300W/m²								
16	动态 MPPT 效率								

（9）中辐照度下 15s 间隔完成往复循环测试。

序号	光伏阵列模拟器操作 设定环境	功率分析仪操作						时间	效率
		输入电流 /A	输入电压 /V	输入功率 /W	输出电流 /A	输出电压 /V	输出功率 /W		
1	300W/m²								
2	400W/m²								
3	500W/m²								
4	600W/m²								
5	700W/m²								
6	800W/m²								
7	900W/m²								
8	1000W/m²								
9	900W/m²								
10	800W/m²								
11	700W/m²								
12	600W/m²								
13	500W/m²								
14	400W/m²								
15	300W/m²								
16	动态 MPPT 效率								

（10）中辐照度下 20s 间隔完成往复循环测试。

序号	光伏阵列模拟器操作 设定环境	功率分析仪操作						时间	效率
		输入电流 /A	输入电压 /V	输入功率 /W	输出电流 /A	输出电压 /V	输出功率 /W		
1	300W/m²								
2	400W/m²								
3	500W/m²								
4	600W/m²								
5	700W/m²								
6	800W/m²								
7	900W/m²								
8	1000W/m²								
9	900W/m²								
10	800W/m²								
11	700W/m²								
12	600W/m²								
13	500W/m²								
14	400W/m²								
15	300W/m²								
16	动态 MPPT 效率								

绘制中辐照度下不同时间间隔的效率曲线。

5. 思考题

（1）温度对于光伏并网逆变器动态 MPPT 效率产生影响的原因是什么？

（2）时间间隔对于光伏并网逆变器动态 MPPT 效率产生影响的原因是什么？

4.5.2 并网逆变器实训实验

1. 实验目的

了解并网逆变器的开启电压。

了解并网逆变器的接线结构。

了解并网逆变器的并网过程。

了解并网逆变器的常见故障。

2. 实验原理

逆变器是一种由半导体器件组成的电力调整装置，主要用于把直流电转换成交流电。若直流电压较低，则通过交流变压器升压，即得到标准交流电压和频率。逆变器一般由升压回路和逆变桥式回路构成。并网逆变器作为整个并网发电系统的核心，其工作状态非常重要。

3. 实验设备

光伏系统安装实训控制柜（图4.26）、连接线、万用表。光伏系统安装实训控制柜由光伏组件、并网逆变器、光伏控制器、离网逆变器、组态控制屏、蓄电池、多功能电表等组成。

4. 实验步骤

（1）测试并网逆变器的开启电压。首先闭合实训控制柜侧面的8个断路器Q2、Q4、Q6、Q8、Q10、Q12、Q14、Q16。

使用万用表测量每组组件的开路电压，并记录数据。然后将$N(N=1, \cdots, 8)$块组件串联，测量并记录串联后的电压，接入并网逆变器。确认连接无误后断开并网逆变器直流侧开关（在逆变器底部），观察逆变器是否工作，并将逆变器状态及开关闭合到逆变器屏幕亮起的时间进行记录。

（2）并网逆变器并网发电。用系统配备的连接导线对8块组件进行串并联连接，然后接入逆变器，并断开并网逆变器直流侧开关。在确保逆变器工作正常的情况下，闭合并网断路器，观察并网逆变器的状态变化。待逆变器正常并网发电后，按逆变器的按钮开关，查看其各项参数并记录。然后通过触摸屏查看电能表的参数，或者直接在电能表上读取。将数据进行记录，并分析数据。

（3）了解并网逆变器的常见故障。在并网逆变器正常并网发电时，断开并网逆变器开关，观察状态变化并记录。在并网逆变器正常并网发电时断开直流侧开关，观察逆变器状态变化并记录。

图4.26 光伏系统安装实训
控制柜实物图

学　院＿＿＿＿＿＿＿＿　　　　　　　　专　业＿＿＿＿＿＿＿＿

班　级＿＿＿＿＿＿＿＿　　姓　名＿＿＿＿＿＿＿＿　　学　号＿＿＿＿＿＿＿＿

光伏并网逆变器实训实验报告

1. 实验目的

2. 实验原理

3. 实验方法

4. 实验结果

太阳能光伏组件开路电压表

序号	组件1	组件2	组件3	组件4	组件5	组件6	组件7	组件8
电压/V								

太阳能光伏组件串联数量及逆变器状态表

组件数量	1	2	3	4	5	6	7	8
开路电压/V								
逆变器是否工作								
时间								

实验完成后观察并分析数据。

并网逆变器并网发电过程各项参数表

直流侧电压/V	直流侧电流/A	直流侧功率/W	交流侧电压/V	交流侧电流/A	交流侧功率/W	频率/Hz	电能/(kW·h)

4.5.3　光伏并网逆变器直流输入电压范围测试实验

1. 实验目的

测量并网逆变器直流输入电压范围和过、欠压点。

2. 实验原理

逆变器的输入电压范围必须保证逆变器在该范围内能够正常启动和工作（范围依照规格书规定）。过、欠压点输入电压超过规定的上限或低于规定的下限时，逆变器应能发出声光告警。

3. 实验设备

光伏逆变器测试实验平台。

4. 实验步骤

规格书中规定了逆变器工作的直流输入电压范围，有最高的开路电压和最低输入工作电压。如果规格书规定了输入电压，当电压低于输入电压时，即使太阳电池能够提供大于逆变器的电能，逆变器也将无法满功率馈网，即输出功率降额使用，则应测试出相应转换电压点是否符合规格要求；对规格书另有规定的，如待机，关机电压点也需要符合规格书要求。

（1）调节电网模拟器使逆变器并网电压和频率正常，缓慢调节阵列模拟器使输出的直流电压高于最高开口电压，逆变器应从正常工作切换到保护停止输出，记录该转换电压点。

（2）调节电网模拟器使逆变器并网电压和频率正常，且设定阵列模拟器的输出容量略大于逆变器的额定容量；当直流电压大于输入电压，逆变器正常并网以后，缓慢调低阵列模拟器的电压，直至逆变器无法满功率回馈电网供电，记录该电压点；再缓慢调高阵列模拟器的电压，直至逆变器恢复满功率回馈电网供电，记录该电压点，计算电压差。

5. 注意事项

该测试项目仅限测试安全规格较高的并网逆变器，如果被测逆变器缺乏良好的保护措施，容易损坏设备，甚至发生爆炸。在测试实验时，请密切注意逆变器的工作状态，如有异常及时断电，排除故障后再上电测试。

光伏并网逆变器直流输入电压范围测试实验报告

1. 实验目的

2. 实验原理

3. 实验方法

4. 实验结果

序号	逆变器并网电压/V	逆变器并网频率/Hz	开路电压/V	阵列模拟器输出直流电压/V	转换电压点/V
1					
2					
3					
4					
5					

4.5.4 光伏并网逆变器电网频率响应测试实验

1. 实验目的

测量并网逆变器能否在规定频率内正常工作，在规定频率之外停止工作。

2. 实验原理

测试逆变器是否在规定的频率范围内（电压正常的情况下）可以正常工作；在规定的频率范围段，逆变器正常运行规定的时间后，停止并网供电；在规定的频率范围外则认为电网频率异常，并网逆变器停止工作。其频率响应时间必须满足表 4.2 要求。

表 4.2   频率响应时间表

频率范围	最大跳闸保护时间
$f < 48\text{Hz}$	逆变器 0.2s 内停止运行
$48\text{Hz} \leqslant f < 49.5\text{Hz}$	逆变器运行 10min 后停止运行
$49.5\text{Hz} \leqslant f < 50.2\text{Hz}$	正常运行
$50.2\text{Hz} \leqslant f < 50.5\text{Hz}$	逆变器运行 2min 后停止运行，此时处于停运状态的逆变器不得并网
$f \geqslant 50.5\text{Hz}$	如果已并网的，逆变器在 0.2s 内停止向电网供电；如果是处于停运状态的逆变器，不得并网

3. 实验设备

光伏阵列模拟器、光伏并网逆变器、电网模拟器、示波器。

4. 实验步骤

（1）设定电网模拟器的频率为电网额定频率，逆变器正常并网运行。

（2）设定电网模拟器的频率直接从额定频率跳变小于 48Hz 的频率点，逆变器应启动保护，用示波器记录启动保护点的波形和频率。

（3）设定电网模拟器的频率直接从额定频率跳变到 48~49.5Hz 的频率点，逆变器应能工作 10min 后启动保护，用示波器记录启动保护点的波形频率。

（4）将电网模拟器的频率由额定频率直接跳变到 49.5~50.2Hz 的频率点，逆变器应能正常工作。

（5）将电网模拟器的频率由额定频率直接跳变至大于 50.2Hz 的频率点，逆变器应停止保护，用示波器记录停止保护时的波形和频率。

5. 注意事项

该测试项目仅限测试安全规格较高的并网逆变器，如果被测逆变器缺乏良好的保护措施，容易损坏设备，甚至发生爆炸。在测试实验时，请密切注意逆变器工作状态，如有异常及时断电，排除故障后再上电测试。

学　院＿＿＿＿＿＿＿＿＿　　　　　　　　　专　业＿＿＿＿＿＿＿＿＿

班　级＿＿＿＿＿＿＿＿＿　　姓　名＿＿＿＿＿＿＿＿＿　　学　号＿＿＿＿＿＿＿＿＿

光伏并网逆变器电网频率响应测试实验报告

1. 实验目的

2. 实验原理

3. 实验方法

4. 实验结果

序号	电网模拟器的频率 /Hz	逆变器工作状态	启动保护点的频率 /Hz	启动保护点的波形
1				
2				
3				
4				
5				
6				
7				
8				
9				
10				
11				

4.5.5　光伏并网逆变器最大功率点跟踪（MPPT）测试实验

1. 实验目的

了解光伏发电系统中最大功率点跟踪的重要作用。

2. 实验原理

最大功率点跟踪（MPPT）就是对随太阳电池表面温度变化和太阳辐照度变化导致的输出电压与电流的变化进行跟踪控制，使太阳电池方阵经常保持在最大输出的工作状态，以获得最大的功率输出。

3. 实验设备

光伏逆变器测试实验平台。

4. 实验步骤

（1）选用能够精确模拟光伏特性的阵列模拟器。

（2）设定阵列模拟器的最大输出功率。正常并网（电网模拟器）工作以后，记录阵列模拟器设定的最大功率、输出功率、输出电压、输出电流，光伏逆变器的输出功率；比较阵列模拟器设定的最大功率和输出功率之差；计算出 MPPT 的效率，并记录 MPPT 的跟踪时间。

（3）接第（2）步，模拟电池温度变化，记录阵列模拟器设定的最大功率、输出功率、输出电压、输出电流，光伏逆变器的输出功率；计算阵列模拟器设定的最大功率和输出功率之差。

（4）接第（2）步，模拟光照强度变化，记录阵列模拟器设定的最大功率、输出功率、输出电压、输出电流，光伏逆变器的输出功率；计算阵列模拟器设定的最大功率和输出功率之差。

（5）接第（2）步，同时模拟光照强度变化和电池温度变化，记录阵列模拟器设定的最大功率、输出功率、输出电压、输出电流，光伏逆变器的输出功率；计算阵列模拟器设定的最大功率和输出功率之差。

（6）多次重复上述步骤。

5. 注意事项

该测试项目仅限测试安全规格较高的并网逆变器，如果被测逆变器缺乏良好的保护措施，容易损坏设备，甚至发生爆炸。在测试实验时，请密切注意逆变器工作状态，如有异常及时断电，排除故障后再上电测试。

学　院＿＿＿＿＿＿＿＿＿　　　　　　　　专　业＿＿＿＿＿＿＿＿

班　级＿＿＿＿＿＿＿＿　　姓　名＿＿＿＿＿＿＿＿　　学　号＿＿＿＿＿＿＿＿

光伏并网逆变器最大功率点跟踪测试实验报告

1. 实验目的

2. 实验原理

3. 实验方法

4. 实验结果

（1）正常并网的情况下。

阵列模拟器设定的最大功率 _____

阵列模拟器设定的输出功率 _____

阵列模拟器设定的输出电压 _____

阵列模拟器设定的输出电流 _____

光伏逆变器的输出功率 _____

比较阵列模拟器设定的最大功率和输出功率 _____

（2）改变电池温度的情况下。

阵列模拟器设定的最大功率 _____

阵列模拟器设定的输出功率 _____

阵列模拟器设定的输出电压 _____

阵列模拟器设定的输出电流 _____

光伏逆变器的输出功率 _____

比较阵列模拟器设定的最大功率和输出功率 _____

（3）改变光照强度的情况下。

阵列模拟器设定的最大功率 _____

阵列模拟器设定的输出功率 _____

阵列模拟器设定的输出电压 _____

阵列模拟器设定的输出电流 _____

光伏逆变器的输出功率 _____

比较阵列模拟器设定的最大功率和输出功率 _____

（4）同时改变电池温度、光照强度的情况下。

阵列模拟器设定的最大功率 _____

阵列模拟器设定的输出功率 _____

阵列模拟器设定的输出电压 _____

阵列模拟器设定的输出电流 _____

光伏逆变器的输出功率 _____

比较阵列模拟器设定的最大功率和输出功率 _____

4.5.6 光伏并网逆变器孤岛保护测试实验

1. 实验目的

测试逆变器的孤岛保护时间和告警信息时间是否满足要求。

2. 实验原理

逆变器具有防孤岛效应保护功能。在配载完成后，当逆变器与并入的电网断开时，逆变器应在 2s 内停止向电网供电，同时发出警示信号。防孤岛效应保护平台如图 4.27 所示。

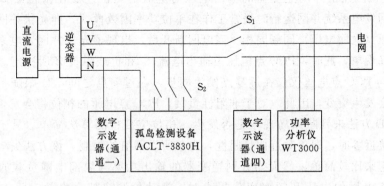

图 4.27 防孤岛效应保护实验平台

在图 4.27 中，S_1 为被测逆变器的网侧分离开关，S_2 为被测逆变器的负载侧分离开关。负载采用可变 RLC 谐振电路，谐振频率为被测逆变器工作的额定工作频率（50Hz），且其消耗的有功功率与被测逆变器输出的有功功率相当。

孤岛现象的检测方法根据技术特点，可以分为被动检测方法和主动检测方法两大类。

（1）被动检测方法。被动检测方法利用电网断电时逆变器输出端电压、频率、相位或谐波的变化进行孤岛效应检测。但当光伏系统输出功率与局部负载功率平衡，则被动检测方法将失去孤岛效应检测能力，存在较大的非检测区域（Non - Detection Zone，NDZ）。并网逆变器的被动式反孤岛方案不需要增加硬件电路，也不需要单独的保护继电器。

1）过/欠压和高/低频率检测法。过/欠电压和高/低频率检测法是在公共耦合点的电压幅值和频率超过正常范围时，停止逆变器并网运行的一种检测方法。逆变器工作时，电压、频率的工作范围要合理设置，允许电网电压和频率的正常波动。一般对 220V/50Hz 电网，电压和频率的工作范围分别为 $194V \leqslant U \leqslant 242V$、$49.5Hz \leqslant f \leqslant 50.5Hz$。如果电压或频率偏移达到孤岛检测设定阀值，则可检测到孤岛发生。但当逆变器所带的本地负荷与其输出功率接近于匹配时，则电压和频率的偏移将非常小甚至为零，因此该方法存在 NDZ。这种方法的经济性较好，但由于 NDZ 较大，所以单独使用过/欠压和高/低频率孤岛检测是不够的。

2）电压谐波检测法。电压谐波检测法（Harmonic Hetection）通过检测并网逆变器输出电压的总谐波失真（Ttotal Harmonic Distortion，THD）是否越限来防止孤岛现象的发生，这种方法依据功率变压器的非线性原理。发电系统并网工作时，其输出的电流谐波将通过公共耦合点（PCC 点）流入电网。由于电网的网络阻抗很小，因此 PCC 点电压的总谐波畸变率通常较低，一般此时 PCC 点电压的 THD 总是低于阈值（一般要求并网逆变器的 THD 小于额定电流的 5%）。当电网断开时，由于负载阻抗通常比电网阻抗大得多，因此 PCC 点电压（谐波电流与负载阻抗的乘积）将产生很大的谐波，通过检测电压谐波或谐波的变化就能有效地检测到孤岛效应的发生。但是在实际应用中，由于非线性负载等因素的存在，电网电压的谐波很大，谐波检测的动作阈值不容易确定，因此，该方法具有局限性。

3）电压相位突变检测法（PJD）。电压相位突变检测法（Phase Jump Detection，PJD）是通过检测光伏并网逆变器的输出电压与电流的相位差变化来检测孤岛现象的发生。光伏并网发电系统并网运行时通常工作在单位功率因数模式，即光伏并网发电系统输出电流、电压（电网电压）同频同相。当电网断开后，出现了光伏并网发电系统单独给负载供电的孤岛现象，此时，PCC 点电压由输出电流 I_o 和负载阻抗 Z 所决定。由于锁相环的作用，I_o 与 PCC 点电压仅仅在过零点发生同步，在过零点之间，I_o 跟随系统内部的参考电流而不会发生突变，因此，对于非阻性负载，PCC 点电压的相位将会发生突变，因此可以采用 RJD 方法来判断孤岛现象是否发生。相位突变检测算法简单，易于实现。但当负载阻抗角接近零时，即负载近似呈阻性，由于所设阈值的限制，该方法失效。被动检测法一般实现起来比较简单，然而当并网逆变器的输出功率与局部电网负载的功率基本接近，导致局部电网的电压和频率变化很小时，被动检测法就会失效，此方法存在较大的 NDZ。

（2）主动检测方法。主动孤岛检测方法是指控制逆变器，使其输出功率、频率或相位存在一定的扰动；电网正常工作时，由于电网的平衡作用，检测不到这些扰动；一旦电网出现故障，逆变器输出的扰动将快速累积并超出允许范围，从而触发孤岛效应检测电路。该方法检测精度高，非检测区小，但是控制较复杂，且降低了逆变器输出电能的质量。目前并网逆变器的反孤岛策略都采用被动检测方案加一种主动式检测方案相结合的方案。

1）频率偏移检测法（AFD）。频率偏移检测法（Active Frequency Drift，AFD）是目前一种常见的主动扰动检测方法。采用主动式频移方案使其并网逆变器输出频率略失真的电流，以形成一个频率连续改变的趋势，最终导致输出电压和电流超过频率保护的界限值，从而达到反孤岛效应的目的。

2）滑模频率漂移检测法（SMS）。滑模频率漂移检测法（Slip - Mode Frequency Shift，SMS）是一种主动孤岛检测方法。它控制逆变器的输出电流，使其与 PCC 点电压间存在一定的相位差，以期在电网失压后 PCC 点的频率偏离正常范围而判别孤岛。正常情况下，逆变器相位响应曲线设计在系统频率附近范围内，单位功率因数时逆变器相位比 RLC 负载增加得快。当逆变器与配电网并联运行时，配电网通过提供固定的参考相位和频率，使逆变器工作点稳定在工频。当孤岛形成后，如果逆变器输出电压的频率有微小波动，逆变器相位响应曲线会使相位误差增加，达到一个新的稳定状态点。新状态点的频率必会超出高/低频率动作阈值，逆变器因频率误差而关闭。此检测方法实际是通过移相达到移频，有实现简单、无需额外硬件、孤岛检测可靠性高等优点，缺点是随着负载品质因数增加，孤岛检测失败的可能性变大。

3）周期电流干扰检测法（ACD）。周期电流干扰检测法（Alternate Current

Disturbances，ACD）是一种主动孤岛检测法。对于电流源控制型逆变器来说，每隔一定周期，减小光伏并网逆变器输出电流，则可以改变其输出有功功率。当逆变器并网运行时，其输出电压恒定为电网电压；当电网断电时，逆变器输出电压由负载决定。每到达电流扰动时刻，输出电流幅值改变，则负载上电压随之变化，当电压达到欠电压范围即可检测到孤岛发生。

4）频率突变检测法（FJ）。频率突变检测法是对 AFD 的修改，与阻抗测量法类似。FJ 检测在输出电流波形（不是每个周期）中加入死区，频率按照预先设置的模式振动。例如，在第 4 个周期加入死区，正常情况下，逆变器电流引起频率突变，但是电网阻止其波动。孤岛形成后，FJ 通过对频率加入偏差，检测逆变器输出电压频率的振动模式是否符合预先设定的振动模式来检测孤岛现象是否发生。这种检测方法的特点是：如果振动模式足够成熟，使用单台逆变器工作时，FJ 防止孤岛现象的发生是有效的；但是在多台逆变器运行的情况下，如果频率偏移方向不相同，会降低孤岛检测的效率和有效性。

3. 实验设备

光伏逆变器测试实验平台。

4. 实验步骤

（1）闭合 S_1，断开 S_2，启动逆变器。设置太阳电池输出电压为 800V，逆变器的逆变输出功率为 33kW，此时为逆变器直接馈网状态，测量并记录逆变器的输出有功功率 P_{EUT} 和无功功率 Q_{EUT}。

（2）断开 S_1，逆变器停止工作。

（3）通过以下步骤调节 RLC 电路：

1）并入电阻 R，使其消耗的有功功率等于 P_{EUT}。

2）RLC 电路消耗的感性无功满足关系式 $Q_L = Q_f P_{EUT}$。

3）接入电感 L，使其消耗的无功功率等于 Q_L。

4）并入电容 C，使其消耗的容性无功满足关系式 $Q_C + Q_L = -Q_{EUT}$。

5）闭合 S_1，启动逆变器，闭合 S_2，接入 RLC 电路。

6）微调设备 R、L、C，直到防孤岛效应保护实验平台控制软件面板显示数值（每一相的有功功率和无功功率）与测得的每一相的有功功率和无功功率数值相等；另外还要兼顾逆变器三相输出的平衡性。

7）断开 S_1，用示波器记录 S_1 断开至逆变器关机的时间。

8）分别设定逆变器的输出功率为 66kW 和 100kW，重复步骤 1）～7），测试并记录逆变器的防孤岛自保护时间。

防孤岛效应保护的实验条件见表 4.3。

表 4.3	防孤岛效应保护的实验条件		
条件	被测逆变器的输出功率 P_{EUT}	被测逆变器的输入电压	被测逆变器跳闸设定值
A	100%额定交流输出功率	大于直流输入电压的 90%	制造商设定的电压和频率跳闸值
B	50%～66%额定交流输出功率	直流输入电压的 50%±10%	设定电压和频率跳闸值为额定值
C	25%～33%额定交流输出功率	小于直流输入电压的 10%	设定电压和频率跳闸值为额定值

注 若直流输入电压范围是 $X～Y$，则直流输入电压的 90% 为 $X + 0.9(Y - X)$。

5. 注意事项

该测试项目仅限测试安全规格较高的并网逆变器，如果被测逆变器缺乏良好的保护措施，容易损坏设备，甚至发生爆炸。在测试实验时，请密切注意逆变器工作状态，如有异常及时断电，排除故障后再上电测试。

学　院＿＿＿＿＿＿＿＿＿＿　　　　　　　　　专　业＿＿＿＿＿＿＿＿＿＿
班　级＿＿＿＿＿＿＿＿＿＿　姓　名＿＿＿＿＿＿＿＿＿＿　学　号＿＿＿＿＿＿＿＿＿＿

利用被动检测方法进行光伏并网逆变器孤岛保护测试实验报告

1. 实验目的

2. 实验原理

3. 实验方法

4. 实验结果

（1）利用电网模拟器调整电网电压判断逆变器状态。

序号	电网电压/V	逆变器输入电压/V	逆变器输入电流/A	逆变器输出电压/V	逆变器输出电流/A	逆变器状态
1	220					
2	222					
3	224					
4	226					
5	228					
6	230					
7	232					
8	234					
9	236					
10	238					
11	240					
12	242					
13	244					
14	246					
15	248					
16	250					
17	252					
18	254					
19	256					
20	258					
21	260					

序号	电网电压/V	逆变器输入电压/V	逆变器输入电流/A	逆变器输出电压/V	逆变器输出电流/A	逆变器状态
1	220					
2	218					
3	216					
4	214					
5	212					
6	210					
7	208					
8	206					
9	204					
10	202					
11	198					
12	196					
13	194					
14	192					
15	190					
16	188					
17	186					
18	184					
19	182					
20	180					
21	178					

（2）利用电网模拟器调整电网频率判断逆变器状态。

序号	电网频率 /Hz	逆变器输入 电压/V	逆变器输入 电流/A	逆变器输出 电压/V	逆变器输出 电流/A	逆变器状态
1	40					
2	41					
3	42					
4	43					
5	44					
6	45					
7	46					
8	47					
9	48					
10	49					
11	50					
12	51					
13	52					
14	53					
15	54					
16	55					
17	56					
18	57					
19	58					
20	59					
21	60					

第5章 储能电池实验

5.1 动力电池组充电及充电保护实验

1. 实验目的

探究动力电池组的充电特性过程。

2. 实验原理

充电时，电池的正极、负极间外接一正向电压，这个正向电压在电池的正极、负极间产生正向电场，带电离子在电场中受力移动，其中带正电的锂离子向负极移动，锂离子脱出正极后，正极上就多出了电子，正极上的电子则受充电电源正极吸引力向充电电源的正极移动，充电电源负极的电子受电池负极（带正电的锂离子）吸引力向电源的负极移动。这样的结果是：电源正极的锂离子在电池内部由正极流向负极，电源正极的电子由电池正极经电池外部流向电池负极，电子在导体的有序移动就产生了电流（不过物理学规定电流的方向与电子流的方向相反）。充电的过程就是由外部电源强行将锂离子从正极拉到负极的过程，这个过程是一个纯物理过程，没有任何化学反应。充电过程中电池正极重量减少，负极重量增加。充了电的电池正极和负极是中性的。电池怕过充电，过充后果可以理解为：随着充电的不断进行，电池正极的锂离子不断减少，由于锂离子和磷酸根离子有亲和力，减少到一定程度必须提高充电电压（增强电池内部的电场强度）才能将越来越少的锂离子拉到负极，这样将破坏正极材料和负极材料的结构和性能，对电池造成伤害，影响电池寿命。

3. 实验设备

动力电池系统实验装置。

4. 实验步骤

（1）启动仪器 220V 交流供电，所有仪表初始化，仪表盘上显示电池组电压、放电流，电池组充电电压、充电电流，温度及单体电池电压。

（2）启动动力电池保护断路器。

（3）旋开急停开关。

（4）通过面板点火开关启动电池管理系统（Battery Management System，BMS）。

（5）检查 BMS 系统显示是否正常，通过 BMS 本地显示可查看单体电池电压、电池温度及 BMS 系统温度。

（6）记录未充电前电池组总电压。

（7）取出充电枪，将充电枪枪柄与面板充电器连接，充电枪插头插入模块化插座中。

（8）通过数字键盘设置单体电池最高电压为 3.5V，最低电压为 2.8V。

（9）合上充电开关，启动充电模块。

（10）观察充电过程。

（11）记录充电电压、充电电流。

充电保护实验增加以下两步：①通过数字键盘设置单体电池最高电压为 3.0V，最低电压为 2.8V；②观察此时充电电流的变化。

5. 注意事项

（1）交流供电前请确认设备接地良好，无漏电情况。

（2）进行充放电实验前，请确认电池组单体电池电压，防止过充及过放电。

（3）实验前，请确认各回路接合的可靠性。

（4）实验前请确认电池组状态及电压。

（5）实验后确保设备良好断电。

（6）如发现异味、异常发热等情况，请终止实验。

动力电池组充电及充电保护实验报告

1. 实验目的

2. 实验原理

3. 实验方法

4. 实验结果

（1）记录充电数据。

序号	交流侧充电电流/A	充电电压/V	充电电流/A	动力电池内阻/Ω
1				
2				
3				
4				
5				
6				
7				
8				
9				
10				

（2）绘制动力电池充电功率曲线及内阻变化曲线。

5. 思考题

（1）动力电池组的充电过程中，电压与电流是如何变化的？

（2）充电过程分为哪几个过程？

（3）动力电池过充电指的是什么？

5.2 动力电池组放电及放电保护实验

1. 实验目的

探究动力电池组的放电特性过程。

2. 实验原理

电池外部接上负载后，由于锂离子和磷酸根离子有亲和力，磷酸根离子吸引锂离子从电池负极向电池正极移动，移到正极的锂离子又吸引外接电路中的电子向电池正极移动，由于锂离子从电池负极向电池正极移动，负极就多了电子，多的电子通过外部导体和负载向正极移动，这样的结果是：电源负极的锂离子在电池内部由负极流向正极，电源负极的电子由电池负极经电池外部流向电池正极，电子在导体的移动就产生了电流。放电过程也是一个纯物理过程，其中电池正极重量增加，负极重量减少。放了电的电池正极和负极也是中性的。电池怕过放电，过放后果可以理解为：随着放电的不断进行，电池负极的锂离子不断减少，当负极几乎没有锂离子，活跃程度弱于锂离子的铜离子便向正极移动，这样将破坏负极材料和正极材料的性能，对电池造成伤害，影响电池寿命。为了防止过放，设计了控制器对放电过程进行控制，放到一定程度控制器切断负载，结束放电。放电就是电池释放能量，释放能量的数值等于放电时间对放电电压与电流乘积的积分。

3. 实验设备

动力电池系统实验装置。

4. 实验步骤

(1) 启动仪器 220V 交流供电，所有仪表初始化，仪表盘上显示电池组电压、放电电流，电池组充电电压、充电电流，温度及单体电池电压。

(2) 启动动力电池保护断路器。

(3) 旋开急停开关。

(4) 通过面板点火开关启动 BMS 系统。

(5) 检查 BMS 系统显示是否正常，通过 BMS 本地显示可查看单体电池电压、电池温度及 BMS 系统温度。

(6) 记录未放电前电池组总电压。

(7) 通过数字键盘设置单体电池最高电压为 3.5V，最低电压为 2.8V。

(8) 合上负载开关，启动负载模块。

(9) 观察放电过程。

(10) 记录放电电压和放电电流。

(11) 通过 BMS 本地显示模块观察单体电池电压，并记录。

放电保护实验增加以下两步：①通过数字键盘设置单体电池最高电压为 3.5V，最低电压为 3.0V；②持续放电至单体电池电压低于 3.0V，观察放电电流及电池组电压。

5. 注意事项

(1) 交流供电前请确认设备接地良好，无漏电情况。

(2) 进行充放电实验前，请确认电池组单体电池电压，防止过充及过放电。

（3）实验前，请确认各回路接合的可靠性。

（4）实验前请确认电池组状态及电压。

（5）实验后务必将急停拍下，确保设备良好断电。

（6）如发现异味、异常发热等情况，请终止实验。

动力电池组放电及放电保护实验报告

1. 实验目的

2. 实验原理

3. 实验方法

4. 实验结果

（1）记录放电数据。

序号	负载功率/W	充电电压/V	充电电流/A	动力电池内阻/Ω
1				
2				
3				
4				
5				
6				
7				
8				
9				
10				

（2）绘制动力电池放电功率曲线及内阻变化曲线。

5．思考题

（1）BMS 放电保护是如何实现的？

（2）动力电池的放电区间是什么？

（3）动力电池组在放电过程中，电压与电流是如何变化的？

（4）放电的电量是如何计算的？

5.3 动力电池组均衡实验

1. 实验目的

探究动力电池组的放电保护特性过程。

2. 实验原理

均衡的意义就是利用电子技术，使锂离子电池单体电压偏差保持在预期的范围内，从而保证每个单体电池在正常使用时不发生损坏。若不进行均衡控制，随着充放电循环的增加，各单体电池电压逐渐分化，使用寿命将大大缩减。一般情况下，充电时锂离子电池单体电压的偏差在 $\pm 50\text{mV}$ 范围内是完全可以接受的。造成单体电池电压偏差的主要原因，一方面是单体电池存在差异，另一方面是测量的电子电路消耗。

设每节电池的当前电压为 $U_{\text{bat}i}(i=1\sim16)$，最大电压为 $U_{\max i}(i=1\sim16)$，最小电压为 $U_{\min i}(i=1\sim16)$，总当前电压为 U_{all}，总最大电压为 $U_{\max}$，总最小电压为 $U_{\min}$。则有

$$\Delta U_i = U_{\max i} - U_{\min i}$$

式中　ΔU_i——最大电压与最小电压的差值，系统根据差值对电池组进行均衡。

总体电压与变化最大的单体电压密切相关。所以，研究重点就放在处理电压变化率大的电池上。选择 7 节相对匹配度高的电池，使所有电池的变化趋于一致，尽可能避免因为某节电池的电压变化率太大造成的整体失调问题。均衡控制电路的思路是：单体电池电压与平均单体电池电压相比较，控制功率开关将电池电压高于平均电压的单体电池分流。因此，所有单体电池电压在均衡电路的作用下趋向平均单体电池电压。

3. 实验设备

动力电池系统实验装置。

4. 实验步骤

（1）启动仪器 220V 交流供电，所有仪表初始化，仪表盘上显示电池组电压、放电电流，电池组充电电压、充电电流，温度及单体电池电压。

（2）启动动力电池保护断路器。

（3）旋开急停开关。

（4）通过面板点火开关启动 BMS 系统。

（5）检查 BMS 系统显示是否正常，通过 BMS 本地显示可查看单体电池电压、电池温度及 BMS 系统温度。

（6）通过数字键盘设置 BMS 均衡参数 $N=05$。

（7）等待电池均衡后，观察均衡现象。

5. 注意事项

（1）交流供电前请确认设备接地良好，无漏电情况。

（2）进行充放电实验前，请确认电池组单体电池电压，防止过充及过放电。

（3）实验前，请确认各回路接合的可靠性。

（4）实验前请确认电池组状态及电压。

（5）实验后务必按下"急停"按钮，确保设备良好断电。

（6）如发现异味、异常发热等情况，请终止实验。

5.4　动力电池组温度保护实验

1. 实验目的

探究动力电池组温度保护实验。

2. 实验原理

温度是电动汽车动力电源系统控制中最主要的参数之一，也是影响电池性能的最主要参数。在电池的所有检测制度中，必须注明温度，原因就是温度对电池性能影响比较大，包括电池的内阻、充电性能、放电性能、安全性、寿命等。不同温度下电池的放电效率不同，18～45℃下磷酸铁锂电池的效率能在 80％以上。温度越高，效率越低，浪费的效率形成更多的产热，导致恶性循环——功率越低，温度越高。高温对电池极为有害，不仅影响电池使用寿命，还可能危及电池安全。热失控属于 BMS 中热管理失控的状态。电池在充放电使用下，会因为各种内部电化学反应产生热量，如果没有良好的散热体系，产热在电池内部堆积，功率逐渐降低，甚至出现爆炸燃烧等危险情况，即发生热失控。

为避免热失控情况的出现，本实验着重于过温下对动力电池组的输出保护，在电池过温或者温度检测失败时对电池进行保护，同时在 BMS 温度检测故障时，对电池执行强制性保护，以防止电池在无监测状态下出现过流放电、过功率放电或者短路造成的热失控现象，有效防止电池因热失控导致的电池肿胀、电池漏液及起火爆炸情况。

3. 实验设备

动力电池系统实验装置。

4. 实验步骤

（1）启动仪器 220V 交流供电，所有仪表初始化，仪表盘上显示电池组电压、放电电流，电池组充电电压、充电电流，温度及单体电池电压。

（2）启动动力电池保护断路器。

（3）旋开急停开关。

（4）通过面板启动开关启动 BMS 系统。

（5）检查 BMS 系统显示是否正常，通过 BMS 本地显示可查看单体电池电压、电池温度及 BMS 系统温度。

（6）通过加热系统将电池温度传感器加热至 60℃以上。

（7）观察 BMS 对电池组的输出保护现象。

（8）降低温度，查看 BMS 对动力电池组的输出控制情况。

5. 注意事项

（1）交流供电前请确认设备接地良好，无漏电情况。

（2）进行充放电实验前，请确认电池组单体电池电压，防止过充及过放电。

（3）实验前，请确认各回路接合的可靠性。

（4）实验前请确认电池组状态及电压。

（5）实验后务必按下"急停"按钮，确保设备良好断电。

（6）如发现异味、异常发热等情况，请终止实验。

第6章 光伏发电系统实验

6.1 气象信息采集实验[*]

1. 实验目的

了解本地区气象环境信息数据。

掌握 NASA 气象信息数据库使用方法。

掌握辐照度表、温湿度表、分光谱辐照度表等设备的使用方法。

2. 实验原理

辐照度表是测量辐射强度的仪器。总（反、散）辐射表、分光谱辐射表及长波辐射表都是采用光电转换感应原理，与各种辐射记录仪或辐射电流表配合使用，能够准确地测量出太阳的总辐射、反射辐射、散射辐射、红外辐射、可见光、紫外辐射、长波辐射等。结合光伏电站资源评估需求，现对每种辐射类型进行综合判别。

（1）直接辐射。太阳以平行光形式投射到地面的直接辐射 R_{sb} 是地球表面获得太阳辐射的最主要来源，它可表示为

$$R_{sb} = amR_{sc}\sinh \tag{6.1}$$

式中　R_{sc}——太阳常数，$R_{sc} = 1367\mathrm{W/m^2}$；

　　　h——太阳高度角，（°）；

　　　a——大气透明系数；

　　　m——大气质量数。

从式（6.1）中可以看出，太阳直接辐射与太阳高度角、大气质量数和大气透明系数有关。

法向直接辐射通常采用直接辐射表（图 6.1）来测量。水平面的直接辐射通过公式换算。

直接辐射表的主要部件如下：

1）热传感器。探测平面被涂成黑色或为一个腔体，用于吸收入射辐射。

2）限视光管（光阑管）。规定仪器的视场几何关系。

3）跟踪器。使直接辐射表可以对准太阳。跟踪器是直接辐射表的关键设备之一。国内有些厂家采用的跟踪器需要手动调节赤纬角，因此跟踪准确度不高，并且需要有专人负责每隔

图 6.1　直接辐射表

数天调节一次。国际上一般已采用带反馈装置的全自动跟踪器。

（2）散射辐射。大气对太阳辐射有散射作用，其中散射向地面的部分称为散射辐射，它可表示为

$$R_{sd} = 0.5 R_{sc}(1-am)\sinh \tag{6.2}$$

散射辐射是一种短波辐射，其能量分布比直接辐射更集中于波长较短的光区。从式（6.2）可以看出，散射辐射的大小也与太阳高度角、大气透明系数、大气质量数等因素有关。当太阳高度角增大时，直接辐射增加，散射辐射也增加。在太阳高度角一定时，如果大气透明度不好，散射质点多，则散射辐射增强；如果大气透明度好，散射质点少，则散射辐射减弱。散射辐射的日、年变化也主要取决于太阳高度角的变化。一天中散射辐射的最大值出现在正午前后，一年中散射辐射的最大值出现在夏季。

散射辐射采用水平放置的总辐射表测量，同时需要利用放置在一定距离的圆形或球形遮光片，将落入总辐射表感应面上的直接辐射遮去。实际应用时，一般采用遮光环进行遮光，如图6.2所示。由于遮光环不仅遮挡了直接辐射，同时还遮挡了遮光方向的散射辐射，使得观测的散射辐射较实际偏小，因此必须乘以一个大于1的遮光修订系数才能得到准确的散射辐射。

（3）总辐射。到达地面的太阳直接辐射和散射辐射之和称为总辐射，它的表达式为

$$R_s = R_{sb} + R_{sd} = 0.5 R_{sc}(1+am)\sinh \tag{6.3}$$

总辐射的日变化与直接辐射的日变化基本一致。日出以前，地面上获得的总辐射不多，只有散射辐射；日出以后，太阳高度角不断增大。当太阳

图6.2　散射辐射表

高度角为0°～20°时，散射辐射大于直接辐射，以后随着直接辐射的增加，散射辐射在总辐射中所占的比例逐渐减小；当太阳高度角达到50°左右时，散射辐射只占总辐射的10%～20%；到中午时，直接辐射和散射辐射均达最大值；中午以后两者按相反的次序变化。有云时总辐射一般会减少，因为这时直接辐射的减弱比散射辐射的增强多。但当云量不太多、太阳视面无云时，直接辐射没受到影响，而散射辐射因云的增加而增大，总辐射会比晴空时稍大。

总辐射的年变化与直接辐射的年变化基本一致。中高纬度地区，总辐射强度（指月平均值）夏季最大，冬季最小；赤道附近（纬度0°～20°），一年中有两个最大值，分别出现在春分和秋分。总辐射随纬度的分布一般是，纬度越低，总辐射越大；反之就越小。但由于赤道附近云很多，对太阳辐射削弱得也很多，所以，总辐射年总量最大值不是出现在赤道，而是出现在纬度20°附近。其主要特点是太阳辐射年平均总量在$380×10^7$～$840×10^7$ $J/(m^2·a)$范围内。一般西部多于东部，山区多于平原。四川盆地为低值区，最低值仅为$310×10^7 J/(m^2·a)$。青藏高原为高值区，年平均总量达$790×10^7 J/(m^2·a)$，比同纬度的东部地区几乎高出1倍。

总辐射表如图 6.3 所示。总辐射表主要由以下几部分组成：

1）热传感器。其接收表面有一黑色涂层或黑、白相间的涂层。

2）半球玻璃罩。同心圆式地覆盖在接收表面上。

3）仪器体。常被用作热参照体，因此经常被遮光罩遮住。

图 6.3　总辐射表

3．实验设备

温湿度计、总辐射表、直射辐射表、散射辐射表、分光谱辐射表、数码相机。

4．实验步骤

（1）每日 7：50、10：10、12：00、14：00、16：00、18：00 6 个时间段，在同一位置采集本地区的温湿度、总辐照度、直射辐射、散射辐射和分光谱辐射，并用数码相机记录采集图片。

（2）数据连续采集 14d。

（3）将采集数据与 NASA 数据本地气象信息数据相比对，校准气象数据信息。

学　院＿＿＿＿＿＿　　　　　　　　　　专　业＿＿＿＿＿＿
班　级＿＿＿＿＿＿　　　姓　名＿＿＿＿＿＿　　　学　号＿＿＿＿＿＿

气象信息采集实验报告

1. 实验目的

2. 实验原理

3. 实验方法

4. 实验结果

（1）数据记录。

序号	日 期	时 间	温度 /℃	湿度 /%	总辐照度 /(W·m⁻²)	直射辐射 /(W·m⁻²)	散射辐射 /(W·m⁻²)	280~320nm 辐照强度 /(W·m⁻²)	320~700nm 辐照强度 /(W·m⁻²)
1		7：50							
2		10：10							
3		12：00							
4		14：00							
5		16：00							
6		18：00							
7		7：50							
8		10：10							
9		12：00							
10		14：00							
11		16：00							
12		18：00							
13		7：50							
14		10：10							
15		12：00							
16		14：00							
17		16：00							
18		18：00							
19		7：50							
20		10：10							
21		12：00							
22		14：00							
23		16：00							
24		18：00							

注 建议连续采集14d数据，表格行数可单独添加。

（2）曲线绘制。绘制温度变化曲线，并与 NASA 数据进行比对。

绘制湿度变化曲线，并与 NASA 数据进行比对。

绘制辐照度变化曲线，并与 NASA 数据进行比对，包括总辐照度、直射辐射和散射辐射。

绘制分光谱辐照度曲线。

6.2 光伏并网发电系统设计实验*

1. 实验目的

掌握光伏发电项目可行性研究报告的撰写规范。

掌握国内主流光伏组件、光伏逆变器、光伏支架等器件的厂商产品信息。

掌握 PVSyst、PVsim 等光伏电站设计软件的设计方法。

掌握光伏电站的设计规范及产业政策信息。

2. 实验方法

(1) 通过新能源发电技术内容服务平台（www. yn931. com）、新能源教学资源网（www. creeu. org）等技术平台查询光伏项目可行性研究报告模板，总结光伏项目可行性研究报告的结构组成及项目框架。

(2) 通过网络查询、电话咨询等手段查找目前国内主流的光伏组件、并网逆变器等主要光伏元器件的技术资料、型号信息、价格信息等内容，并成表汇总。

(3) 通过给定光伏电站题目开展基础项目设计。

(4) 结合项目需求完成项目基础电气结构设计与器件选型。

(5) 结合项目所在地信息，完成支架设计、发电量估算等信息。

(6) 通过 PVSyst、PVsim 等软件估算项目总发电量、总投资、总收益等相关信息。

(7) 通过学习规范项目设计报告，完成项目电气设计图、机械设计图、支架结构、通信结构图、土建结构图等图件。

(8) 按照规范项目可研报告需求，撰写项目可行性研究报告。

(9) 掌握国家和地方针对光伏项目的政策要求，制定完善的政策信息表。

第7章 智能微电网实验

7.1 智能微电网的基础结构

智能微电网是指由分布式电源、储能装置、能量转换控制装置、负荷、监控和保护装置等组成的小型主动配电网。随着可再生能源技术、智能控制技术与储能技术的快速发展，智能微电网也逐渐成为研究热点。微电网中分布式发电靠近电力用户，输电距离相对较短，其负荷特性、分布式发电的布局以及电能质量要求等各种因素决定了微电网在结构模式上有别于传统的电力系统。

微电网一次系统由分布式可再生能源发电或小微型传统能源发电形式、储能装置、配电装置、电力电子装置、负荷等组成，二次系统由保护和自动化系统、微电网监控系统、微电网能量管理系统等组成。系统结构如图7.1所示。

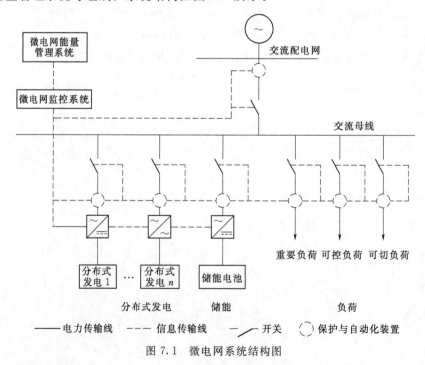

图 7.1　微电网系统结构图

1. 一次系统

（1）分布式发电。微电网一次系统的发电微源以可再生能源发电形式为主，包括风能、太阳能、生物质能、水能、潮汐能、海洋能、温差发电，也可包含微型燃气轮机、柴油发电机、燃料电池等非可再生能源发电，以及利用余热、余压和废气发电的冷热电多联供等。

（2）储能装置。从微电网的规模和特点来看，适用于微电网的储能技术主要有电化学储能、储热、飞轮储能等。储能系统的主要作用如下：

1）后备平衡能源。微电网并网运行时，储能系统通过吸收或者释放能量，使微电网中发电、负荷以及与大电网的功率交换达到平衡要求。

2）系统平衡能源。微电网离网运行时，储能系统可支持微电网独立稳定运行，平抑微电网波动、维持发电和负荷动态平衡、保持电压和频率稳定。

3）支撑系统母线。微电网离网和并网切换时，储能系统可作为主电源，保证重要负荷电压稳定，同时实现微电网运行方式的平滑切换。

（3）配电装置。配电装置主要包括开关、变压器、配电线路等，是向负荷供给电能的电力网络。其中，微电网中的开关可分为用于隔离微电网与大电网的并网点开关和用于切除线路或分布式发电的开关两种。为快速隔离电网故障或切断微电网与主网的电气联系，微电网并网点开关通常需要特殊配置，如采用基于电力电子技术的静态开关。微电网并网点（PCC点）所在的位置，一般选择为配电变压器的低压侧。切除线路或分布式发电的开关一般可采用普通断路器，如空气断路器、真空断路器等。

（4）电力电子装置。微电网内大部分分布式发电以及储能的输出为直流电或非工频交流电，需要通过电力电子装置接入微电网或为负荷供电。电力电子装置从变换类型来看主要分为整流器（AC/DC）、逆变器（DC/AC）、变频器（AC/AC）以及直流变换器（DC/DC）等，是分布式电源或储能系统电能转换的关键设备。

（5）负荷。微电网中的负荷类型多样，一般根据其重要程度，可以将其分为重要负荷、可控负荷与可切负荷，以便对负荷进行分级分层控制。重要负荷对电能质量要求较高，要求连续不中断供电；可控负荷接受控制，在必要的情况下可以减少或中断供电；可切负荷是指一些对供电可靠性要求不高的负荷，可以随时切除。

2. 二次系统

微电网一般采用三层控制结构，包括能量管理层、监控层以及就地控制层。能量管理层主要负责根据市场和调度需求管理微电网；监控层负责实现微电网中各分布式发电、负荷的协调控制，实现微电网内部的发用平衡；就地控制层负责微电网的功率平衡和负荷管理。在三层控制方案中，各控制层之间都有通信线路。微电网三层控制架构如图7.2所示。

（1）能量管理层。微电网能量管理层通过微电网能量管理系统实现，包括提供基本支持服务的软硬件平台以及保证微电网内发电、配电、用电设备安全经济运行的高级应用软件。微电网能量管理系统具备发电预测、分布式发电管理、负荷管理、发用电计划、电压无功管理、统计分析与评估、Web等功能，实现微电网的优化运行与能量的合理分配，保证微电网的安全、稳定、经济运行。

（2）监控层。微电网监控层通过微电网监控系统实现，监控系统是利用计算机对微电网进行实时监视和控制的系统。监控系统具备数据采集与处理、数据库管理、运行模式控制、顺序控制、功率控制、通信控制等功能。微电网监控系统与微电网能量管理系统进行数据交换，将微电网设备运行数据上传给能量管理系统，并接受能量管理系统下发的控制

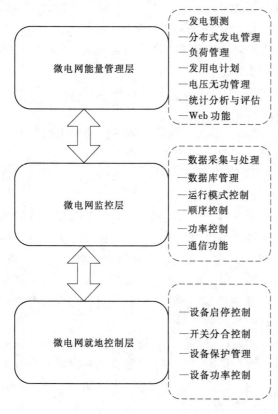

图 7.2　微电网三层控制架构

指令。微电网监控系统与分布式发电、负荷的控制器以及保护和自动化装置进行数据交互，并向其下发微电网控制指令值。

在中、小型微电网中，微电网的结构和控制相对简单，为了减少成本投资，简化操作流程，微电网能量管理系统和监控系统可以合二为一。

（3）就地控制层。微电网就地控制层通过分布式发电、本地负荷控制器、系统保护装置等实现。微电网就地控制设备具备设备启停控制、开关分合控制、设备保护管理、设备功率控制等功能。同常规的电力系统相比，微电网中的可调节变量更加丰富，如分布式发电的有功功率、电压型逆变器接口母线的电压、电流型逆变器接口母线的电流、储能系统的有功输出等，可以通过微电网就地控制设备实现调节，对微电网中的各设备进行快速控制，以保持微电网的频率和电压稳定。

当微电网监控系统和微电网能量管理系统分开部署时，两者之间的通信主要采用以太网通信和光纤通信方式，通信协议主要采用《远动设备及系统　第5—101部分：传输规约基本远动任务配套标准》（DL/T 634.5101—2002）、《远动设备及系统第5—104部分：传输规约　采用标准传输集的 IEC 60870-5-101 网络访问》（DL/T 634.5104—2002）、《标准工程化实施技术规范》（DL/T 860）。根据微电网内各设备的实际情况，微电网监控系统内部通信介质可采用载波通信、双绞线通信、光纤通信方式和无线通信，通信协议主要采用 Modbus、DL/T 634.5101—2002、DL/T 634.5104—2002 和 DL/T 860 通信协议。

3. 多级微电网系统

随着控制技术的进步和微电网设备的成本降低，微电网的适用范围逐渐扩展，微电网的研究内容也从传统的单一微电网系统研究向多级微电网转移。本章所进行的微电网相关实验部分是通过一套多级微电网系统实现的。多级主动配电型智能电网是由两个智能微电网系统组成，通过多级智能微网控制中心可以实现两个智能微电网系统的上下级控制与平行控制，实现跨系统级的能量管理、削峰填谷与能量支援等工作（图7.3）。因此本期微电网应用平台建设，不仅可以研究微电网的基本功能、关键设备和控制系统，还可以重点研究微电网与配电网的相互影响，以及多微电网联合组网形成主动配电网的研究。应用平台是开发性平台，可以兼容各个厂家的关键设备，实现多功能智能型微电网应用平台的搭建。有利于开展光伏发电、风力发电等新能源并网关键技术的应用，为多能互补、多微电网互联，以及开展分布式电源并网系统对配电网影响的研究提供完整的应用平台。

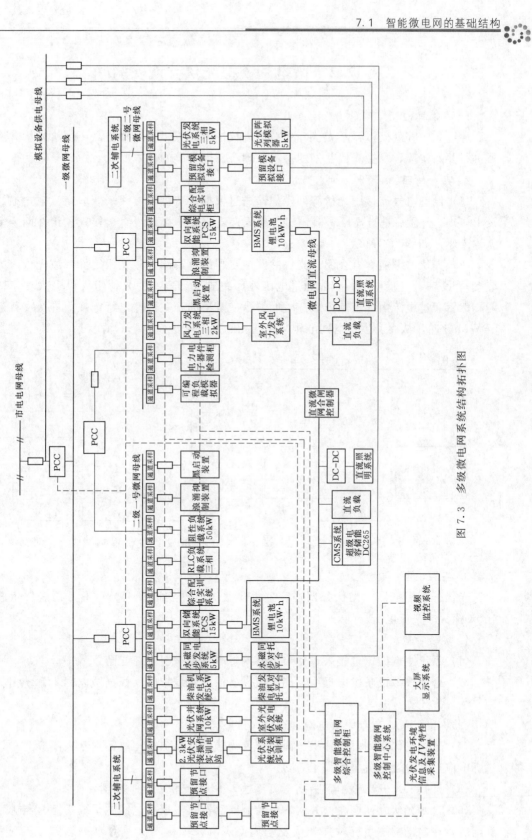

图 7.3 多级微电网系统结构拓扑图

7.2 微电网模拟光伏并网实验

1. 实验目的

通过光伏阵列模拟器对光伏阵列特性进行快速模拟，输出直流高压供给光伏并网逆变器进行并网实验，掌握光伏并网的基本原理及并网发电的基本要素。

2. 实验原理

（1）设备电气连接。光伏阵列模拟器通过模拟设备供电母线来获取交流电，通过整流及 BOOST 升压后进行高压直流输出，高压直流通过连接导线直接接入光伏并网逆变器直流输入端，如图 7.4 所示。

（2）光伏并网逆变器介绍。光伏并网逆变器的直流侧连接光伏组件（或光伏阵列模拟装置），交流侧连接电网，首先通过电压外环完成 MPPT，使光伏组件以最大功率输出电能，然后通过电流内环控制方式产生能够令逆变桥的开关器件以特定规律进行交替通断的 SPWM 脉冲，从而产生与电网电压同频同相的交流电，如图 7.5 所示。

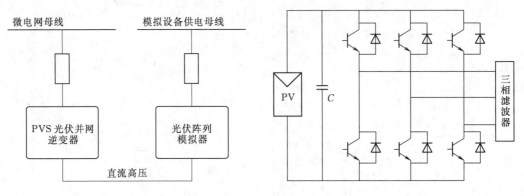

图 7.4 设备电气连接图   图 7.5 光伏并网逆变器结构原理图

3. 实验设备

光伏阵列模拟器、光伏并网逆变器、多级微电网实验平台、钳形万用表、示波器及 100X 探头、交流电流探头。

4. 实验步骤

（1）系统主电网市电接入，使市电电网带电（根据图 7.3 合闸）。

（2）合闸模拟设备供电母线，使模拟设备供电母线带电（根据微电网主系统拓扑图合闸）。

（3）合闸 PCC 节点使微电网母线接入市电。

（4）通过光伏阵列模拟器操作面板设置光伏阵列模拟输出电压（不大于 500V），通过选择电流选项设置电流（不大于 5A）。

（5）选择 ON 开启输出，将高压直流送入 PVS 光伏并网逆变器。

（6）合闸光伏并网逆变器并网端口控制断路器（根据微电网主系统拓扑图合闸）。

（7）在微电网主系统软件光伏发电界面观测，等待光伏并网逆变器状态转变为正常时，从光伏阵列模拟器操作屏上记录光伏阵列模拟器的输出电压及电流。

（8）通过钳形万用表测量光伏并网逆变器并网线路各相线电流或者通过微电网主系统软件光伏并网界面查看光伏并网逆变器的输出有功功率并记录。

（9）反复改变光伏阵列模拟器的输出参数，并记录光伏阵列模拟器的输出参数及光伏并网逆变器的并网功率。（此实验需要至少两名学生同时记录各设备参数，以保持状态一致性。）

（10）通过示波器观察光伏并网逆变器并网线路的电压及电流波形。

（11）计算光伏并网效率并观察光伏阵列模拟器的工作状态。

5. 注意事项

（1）实验前必须按照实验规定佩戴绝缘手套。

（2）实验前需检查各设备状态是否正常，是否有异常发热及异味。

（3）实验前必须保持各电气回路连接良好。

（4）实验时需保证各项参数不能超过系统设备所能承受的电压及电流极限。

（5）实验过程中严禁触碰裸露金属点。

（6）实验务必保证设备接地良好。

（7）实验后需将设备完全停机断电。

微电网模拟光伏并网实验报告

1. 实验目的

2. 实验原理

3. 实验方法

4. 实验结果

数据记录。

序号	直流电压/V	直流电流/A	并网功率/W	并网效率/%
1				
2				
3				
4				
5				
6				
7				
8				
9				
10				

光伏并网波形预计结果如下：

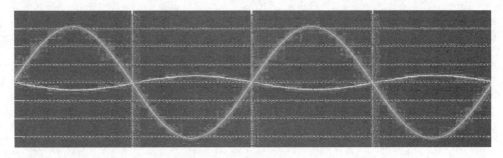

使用示波器测量光伏并网波形，并将波形图绘制在下方。

7.3 双向储能变流器并网及充、放电实验

1. 实验目的

通过双向储能变流器进行双向储能并网实验，了解双向储能变流器的工作特性及并网特性，学会操作直流储能设备进行并网实验，对于双向储能系统有基础认知。

通过双向储能变流器进行双向储能充电实验，了解双向储能变流器的工作特性及充电工作特性，学会操作双向储能逆变设备进行储能系统能量回充实验，对于微电网系统能量流向有基础的认知及基础的能量规划计算能力。

2. 实验原理

储能变流器（Power Control System，PCS）可控制蓄电池的充电和放电过程，进行交直流的变换，在无电网情况下可以直接为交流负荷供电。PCS 由 DC/AC 双向变流器、控制单元等构成。PCS 控制器通过通信接收后台控制指令，根据功率指令的符号及大小控制变流器对电池进行充电或放电，实现对电网有功功率及无功功率的调节。PCS 控制器通过 CAN 接口与 BMS 通信，获取电池组状态信息，可实现对电池的保护性充放电，确保电池运行安全。

在孤岛模式下，DC/AC 模块以电压源模式工作，三相输出电压幅值及频率固定为 380V/50Hz，输出的功率由负荷、光伏的功率共同决定，不需要监控调度系统下达指令。

在并网情况下，DC/AC 模块起到并网变流器的作用，既可以采用电流源模式工作，也可以采用电压源模式工作。两种模式在微电网系统中的主要区别在于，如果并网采用电流源模式工作，在并/离网转换过程中需要进行两种工作模式的转换。因此，并网运行到底采用什么模式，主要取决于实现的方便程度（在并网运行时，监控调度系统需要给 DC/AC 下达功率指令，包括有功、无功的指令）。

无论是在并网还是离网，也无论电压源还是电流源，DC/AC 变流器都只有一个控制环，控制其自身的输出电压或电流，直流环节的电压控制由其前级完成。微电网系统如果由两台 PCS 变流器组成，系统可以工作在下垂控制的电压源模式，也可工作在一主一从模式。

在微电网系统结构中，PCS 一般与 DC/DC 直流变换器配合使用。储能变流器的中间直流电压 U_{DC} 由 DC/DC 模块控制，通过"$U_{d\text{-}P}$"的下垂特性算法，将 U_d 直接用于产生各模块的输出功率 P，如图 7.6 所示。

在图 7.6 中，实线和虚线分别表示两个并联运行的 DC/DC 模块的下垂特性曲线，其中横坐标表示直流母线电压的平均值，纵坐标表示 DC/DC 模块输出到直流母线的功率。功率取正值时表示电池放电，功率取负值表示充电，功率取 0 表示停止工作。$U_1 \sim U_4$、$P_{11} \sim P_{22}$ 分别是监控调度系统的电压及

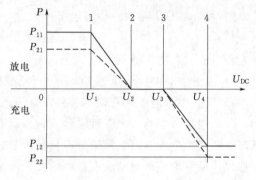

图 7.6 多个 DC/DC 模块的下垂控制曲线示意图

功率给定值。

利用图 7.6 可以看出以下控制要点：

（1）充、放电模式下，下垂特性都由两个功率给定值和两个电压给定值确定。

（2）每个 DC/DC 支路都有独立的下垂特性，各个下垂特性的电压给定值相同，功率给定值可以不同（取决于期望的功率输出比例）。

（3）对于同一个 DC/DC 模块，充、放电的下垂特性可以不同。

（4）在下垂特性给定的条件下，各个 DC/DC 支路实际的输出功率（指令）仅与直流母线电压 U_{DC} 的实际值直接相关，不需监控调度系统给定。

（5）在系统运行过程中，可以通过改变下垂特性的功率参数，实时调整 DC/DC 的输出功率，以及各 DC/DC 支路之间的功率分配比例。

（6）每条下垂特性都是一种负向调整的机制，保证系统控制的稳定性。

在图 7.6 中，充放电之间有一定的电压控制死区，可以克服各 DC/DC 支路的测控离散性造成充放电模式紊乱而导致的环流问题。

储能变流器如图 7.7 所示。

图 7.7　储能变流器

3．实验设备

双向储能变流器、系统储能柜、多级智能微电网实验平台、交流钳形表、示波器及 100X 探头、交流电流探头、钳形万用表。

4．实验步骤

（1）并网实验。

1）系统主电网市电接入，使市电电网带电（根据图 7.3 合闸）。

2）合闸 PCC 节点使微电网母线接入市电。

3）启动微电网主系统二次侧回路、通信管理机、通信柜中的 UPS 电源及微电网控制软件。

4）合闸双向储能变流器 PCS 直流侧断路器，将直流送入双向储能变流器。

5）通过示波器测试系统 PCC 输出侧电压波形。

6）通过微电网系统管理平台或者万用表测试双向储能变流器市电电压。

7）通过微电网系统管理平台或设备组态界面设置恒交流功率充放电模式，功率值不大于 3kW。

8）旋开双向储能变流器 PCS 的急停保护开关。

9）通过微电网系统管理平台或设备组态界面设置设备启动。

10）通过微电网系统管理平台或设备组态界面观察设备状态并通过万用表、示波器测试波形或者通过微电网系统管理平台监测数据及设备状态。

11）反复调整双向储能变流器恒交流功率充放电正值并记录数据。

（2）充放电实验。

1）系统主电网市电接入，使市电电网带电（根据图 7.3 合闸）。

2）合闸 PCC 节点使微电网母线接入市电。

3）启动微电网主系统二次侧回路、通信管理机、通信柜中的 UPS 电源及微电网控制软件。

4）合闸双向储能变流器 PCS 直流侧断路器，将直流送入双向储能变流器。

5）通过示波器测试系统 PCC 输出侧电压波形。

6）通过微电网系统管理平台或者万用表测试双向储能变流器市电电压。

7）通过微电网管理平台或设备组态界面设置恒交流功率充放电模式，功率值不大于 $-4kW$。

8）旋开双向储能变流器 PCS 的急停保护开关。

9）通过微电网系统管理平台或设备组态界面设置设备启动。

10）通过微电网系统管理平台或设备组态界面观察设备状态并通过万用表、示波器测试波形或者通过微电网系统管理平台监测数据及设备状态。

11）反复调整双向储能变流器恒交流功率充放电负值并记录数据。

5. 注意事项

（1）实验前必须按照实验规定佩戴绝缘手套。

（2）实验前需检查各设备状态是否正常，是否有异常发热及异味。

（3）实验前必须保持各电气回路连接良好。

（4）实验时需保证各项参数不能超过系统设备所承受的电压及电流极限。

（5）实验过程中严禁触碰裸露金属点。

（6）实验务必保证设备接地良好。

（7）实验后需将设备完全停机断电。

（8）双向储能变流器并网实验过程中请保证恒交流功率充放电设置值保持为正值，勿设置为负值。

学　院_____　　　　　　　　　专　业_____
班　级_____　　姓　名_____　　学　号_____

双向储能变流器并网及充、放电实验报告

1. 实验目的

2. 实验原理

3. 实验方法

4. 实验结果

(1) 双向储能变流器并网实验数据记录。

直流电压/V	直流电流/A	并网功率/W	并网效率/%
市电电压/V	A 相	B 相	C 相
逆变电压/V	A 相	B 相	C 相
逆变电流/A	A 相	B 相	C 相

(2) 绘制双向储能变流器的并网电压曲线。

（3）双向储能变流器充放电实验数据记录。

直流电压/V	直流电流/A	充电功率/W	充电效率/%
市电电压/V	A相	B相	C相
逆变电压/V	A相	B相	C相
逆变电流/A	A相	B相	C相

（4）绘制直流充电电压曲线。

7.4 微电网系统并网实验

1. 实验目的

对于系统内各并网分布式能源进行功率型并网实验，通过调控各 DG 分布式能源完成并网，同时通过双向计量系统进行系统内能量守恒验证，完成微电网系统级并网实验。

2. 实验原理

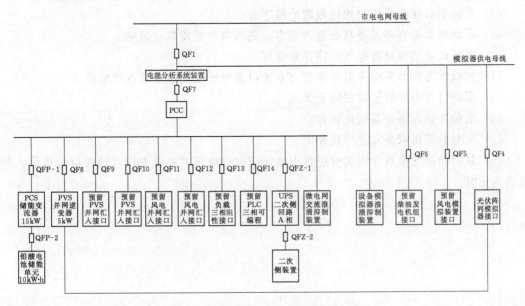

图 7.8 微电网系统电气拓扑结构图

一级微电网母线为设备发电及用电母线，母线的发电容载能力与母线的用电容载能力是微电网设计的关键参数，一级微电网母线既可以作为设备并网发电端又可以作为用户负载供电端。

3. 实验设备

多级智能微电网实验平台。

4. 实验步骤

(1) 系统主电网市电接入，使市电电网带电（根据图 7.3 合闸）。

(2) 合闸 PCC 节点使微电网母线接入市电。

(3) 启动微电网主系统二次侧回路、通信管理机、通信柜中的 UPS 电源及微电网控制软件。

(4) 合闸双向储能变流器 PCS 直流侧断路器，将直流送入双向储能变流器。

(5) 通过微电网系统管理平台或设备组态界面设置恒交流功率充放电模式，功率值不大于 3kW。

(6) 旋开双向储能变流器 PCS 的急停保护开关。

(7) 通过微电网系统管理平台或设备组态界面设置设备启动。

（8）通过光伏阵列模拟器操作面板设置光伏阵列模拟输出电压（不大于 500V），通过选择电流选项设置电流（不大于 5A）。

（9）选择 ON 开启输出，将高压直流送入 PVS 光伏并网逆变器。

（10）合闸光伏并网逆变器并网端口控制断路器（根据图 7.3 合闸）。

（11）通过微电网系统能量管理平台或者测量仪器进行 DG 节点测量并记录发电功率。

（12）反复调整各 DG 节点发电功率并记录。

5. 注意事项

（1）实验前必须按照实验规定佩戴绝缘手套。

（2）实验前需检查各设备状态是否正常，是否有异常发热及异味。

（3）实验前必须保持各电气回路连接良好。

（4）实验时需调节各项参数不能超过系统设备所承受的电压及电流极限。

（5）实验过程中严禁触碰裸露金属点。

（6）实验务必保证设备接地良好。

（7）实验后需将设备完全停机断电。

（8）双向储能变流器并网实验过程中请保证恒交流功率充放电设置值保持为负值，勿设置为正值。

学　院＿＿＿＿＿＿＿　　　　　　　　　专　业＿＿＿＿＿＿＿

班　级＿＿＿＿＿＿＿　　　姓　名＿＿＿＿＿＿＿　　　学　号＿＿＿＿＿＿＿

微电网系统并网实验报告

1. 实验目的

2. 实验原理

3. 实验方法

4. 实验结果

(1) 负载功率为微源总功率的30％时，记录并网功率的分配情况。

序号	发电系统名称	发电有功功率/W	功率因数	充电效率/％
1				
2				
3				
4				
5				
6				

(2) 负载功率为微源总功率的50％时，记录并网功率的分配情况。

序号	发电系统名称	发电有功功率/W	功率因数	充电效率/％
1				
2				
3				
4				
5				
6				

(3) 负载功率为微源总功率的80％时，记录并网功率的分配情况。

序号	发电系统名称	发电有功功率/W	功率因数	充电效率/％
1				
2				
3				
4				
5				
6				

（4）负载功率为微源总功率的100％时，记录并网功率的分配情况。

序号	发电系统名称	发电有功功率/W	功率因数	充电效率/％
1				
2				
3				
4				
5				
6				

（5）负载功率为微源总功率的120％时，记录并网功率的分配情况。

序号	发电系统名称	发电有功功率/W	功率因数	充电效率/％
1				
2				
3				
4				
5				
6				

7.5　微电网离网运行实验

1. 实验目的

通过双向储能变流器与储能系统进行离网母线支撑，并由 DG 节点对微电网系统进行支援。了解双向储能变流器的工作特性及并网特性，学会操作直流储能设备及双向储能变流器进行微电网系统离网运行试验，对双向储能变流器及 DG 节点支撑微电网离网母线的工作方式及特性有基础认知。

2. 实验原理

储能系统为电池串联形成电池组，电池组输出高压直流电流到 PCS 双向储能变流器，PCS 双向储能变流器将高压直流电流逆变为三相交流电流并供给微网交流母线。

3. 实验设备

多级智能微电网实验平台。

4. 实验步骤

(1) 启动微电网主系统二次侧回路、通信管理机、通信柜中的 UPS 电源及微电网控制软件。

(2) 合闸 PCS 双向储能变流器直流侧断路器，将直流送入 PCS 双向储能变流器。

(3) 通过微电网系统管理平台软件或设备组态界面设置离网模式，设置离网电压为 220V。

(4) 旋开 PCS 双向储能变流器面板上的急停保护开关。

(5) 通过微电网系统管理平台软件或设备组态屏设置设备启动。

(6) 通过示波器测试 PCS 双向储能变流器负载侧断路器的输出端电压波形。

(7) 通过微电网系统管理平台或设备组态界面观察设备状态并通过万用表、示波器测试波形或者通过微电网系统管理平台监测数据及设备状态。

(8) 使用钳形万用表测量 PCS 双向储能变流器直流侧断路器下口直流电流。

(9) 连续测试各测试点电压、电流及波形并记录。

学　院＿＿＿＿＿＿＿　　　　　　专　业＿＿＿＿＿＿＿

班　级＿＿＿＿＿＿　　姓　名＿＿＿＿＿＿　　学　号＿＿＿＿＿＿

微电网离网运行实验报告

1. 实验目的

2. 实验原理

3. 实验方法

4. 实验结果

(1) 基础数据记录。

直流侧电流/A	直流侧电压/V	交流侧电流/A	交流侧电压/V

逆变 A 相电压/V	逆变 B 相电压/V	逆变 C 相电压/V

直流侧功率/W	负载侧功率/W	逆变效率	离网功率/W

(2) 负载功率调整数据记录。

1) 负载功率为微源总功率的 30% 时，并网功率的分配情况。

序号	发电系统名称	发电有功功率/W	功率因数	充电效率/%
1				
2				
3				
4				
5				
6				

2) 负载功率为微源总功率的 50% 时，并网功率的分配情况。

序号	发电系统名称	发电有功功率/W	功率因数	充电效率/%
1				
2				
3				
4				
5				
6				

3）负载功率为微源总功率的 80% 时，并网功率的分配情况。

序号	发电系统名称	发电有功功率/W	功率因数	充电效率/%
1				
2				
3				
4				
5				
6				

4）负载功率为微源总功率的 100% 时，并网功率的分配情况。

序号	发电系统名称	发电有功功率/W	功率因数	充电效率/%
1				
2				
3				
4				
5				
6				

7.6 非计划性孤岛转换实验[*]

1. 实验目的

通过双向储能变流器进行双向储能非计划孤岛转换实验，了解双向储能变流器 PCS 的工作特性及非计划孤岛转换特性，学会操作双向储能变流器进行非计划孤岛转换实验，对于双向储能系统有基础认知。

2. 实验原理

储能系统为电池并联形成的电池组，电池组输出高压直流供给双向储能变流器 PCS，双向储能变流器 PCS 采用隔离并网方式进行并网发电，当系统检测到市电丢失时主动断开系统并网 PCC 点并进行孤岛保护。

3. 实验设备

多级智能微电网实验平台。

4. 实验步骤

（1）系统主电网市电接入，使市电电网带电（根据图 7.3 合闸）。

（2）合闸 PCC 节点使微电网母线接入市电。

（3）启动微电网主系统二次侧回路、通信管理机、通信柜中的 UPS 电源及微电网控制软件。

（4）合闸双向储能变流器 PCS 直流侧断路器，将直流送入双向储能变流器。

（5）通过示波器测试系统 PCC 输出侧电压波形。

（6）通过微电网系统管理平台或者万用表测试双向储能变流器市电电压。

（7）通过微电网系统管理平台或设备组态界面设置恒交流功率充放电模式，功率值不大于 3kW。

（8）旋开双向储能变流器 PCS 的急停保护开关。

（9）通过微电网系统管理平台或设备组态界面设置设备启动。

（10）通过微电网系统管理平台或设备组态界面观察设备状态并通过万用表、示波器测试波形或者通过微电网系统管理平台监测数据及设备状态。

（11）反复调整双向储能变流器恒交流功率充放电正值并记录数据。

（12）根据图 7.3 断开微电网母线与市电电网连接点的断路器。

（13）断开该断路器，同时注意测量微网母线及市电电压、电流与波形变化。

学　院＿＿＿＿＿＿＿　　　　　　　　　　专　业＿＿＿＿＿＿＿
班　级＿＿＿＿＿＿＿　　姓　名＿＿＿＿＿＿＿　　学　号＿＿＿＿＿＿＿

非计划性孤岛转换实验报告

1. 实验目的

2. 实验原理

3. 实验方法

4. 实验结果

直流侧电压/V	直流侧电流/A	并网功率/W	并网效率
市电电压/V	A 相	B 相	C 相
逆变电压/V	A 相	B 相	C 相
逆变电流/A	A 相	B 相	C 相

7.7 微电网孤岛并网切换实验 *

1. 实验目的

通过双向储能变流器与储能系统进行离网母线支撑，并由 DG 节点对微电网系统进行支援。通过切换微电网系统并离网状态了解双向储能变流器的工作特性及并网特性，学会操作直流储能设备及双向储能变流器进行微电网系统离网切换并网运行试验，对双向储能变流器及 DG 节点支撑微电网离网母线切换至并网的工作方式及特性有基础认知。

2. 实验原理

储能系统为电池串联形成的电池组，电池组输出高压直流电流到 PCS 双向储能变流器，PCS 双向储能变流器将高压直流电流逆变为三相交流电流并供给微电网交流母线。

双向储能变流器由电池组供电，将直流电变换为交流电，并将交流电输出到微电网交流母线。

3. 实验设备

多级智能微电网实验平台。

4. 实验步骤

（1）启动微电网主系统二次侧回路、通信管理机、通信柜中的 UPS 电源及微电网控制软件。

（2）合闸 PCS 双向储能变流器直流侧断路器，将直流送入 PCS 双向储能变流器。

（3）通过微电网系统管理平台软件或设备组态界面设置离网模式，设置离网电压为 220V。

（4）旋开 PCS 双向储能变流器面板上的急停保护开关。

（5）通过微电网系统管理平台软件或设备组态屏设置设备启动。

（6）通过示波器测试 PCS 双向储能变流器负载侧断路器的输出端电压波形。

（7）通过微电网系统管理平台或设备组态界面观察设备状态并通过万用表、示波器测试波形或者通过微电网系统管理平台监测数据及设备状态。

（8）使用钳形万用表测量 PCS 双向储能变流器直流侧断路器下口直流电流。

（9）根据图 7.3 合上微电网母线与市电电网的连接点断路器。

（10）连续测试各测试点电压、电流及波形并记录。

微电网孤岛并网切换实验报告

1. 实验目的

2. 实验原理

3. 实验方法

4. 实验结果

直流侧电流/A	直流侧电压/V	交流侧电流/A	交流侧电压/V

逆变 A 相电压/V	逆变 B 相电压/V	逆变 C 相电压/V	

直流侧功率/W	负载侧功率/W	逆变效率	离网功率/W

绘制孤岛转换为并网时刻 PCS 双向储能变流器的输出波形。

7.8 微电网能量环流实验*

1. 实验目的

通过双向储能变流器与储能系统进行离网母线支撑，并由 DG 节点对微电网系统进行支援。了解双向储能变流器的工作特性及离网特性，学会操作直流储能设备及双向储能变流器进行微电网系统离网运行试验，对双向储能变流器及 DG 节点支撑微电网离网母线的工作方式及特性有基础认知。

2. 实验设备

多级智能微电网实验平台。

3. 实验步骤

（1）启动微电网主系统二次侧回路、通信管理机、通信柜中的 UPS 电源及微电网控制软件。

（2）合闸 PCS 双向储能变流器直流侧断路器，将直流送入 PCS 双向储能变流器。

（3）通过微电网系统管理平台软件或设备组态界面设置离网模式，设置离网电压为 220V。

（4）旋开 PCS 双向储能变流器面板上的急停保护开关。

（5）通过微电网系统管理平台软件或设备组态屏设置设备启动。

（6）通过示波器测试 PCS 双向储能变流器负载侧断路器的输出端电压波形。

（7）通过微电网系统管理平台或设备组态界面观察设备状态并通过万用表、示波器测试波形或者通过微电网系统管理平台监测数据及设备状态。

（8）使用钳形万用表测量 PCS 双向储能变流器直流侧断路器输出端直流电流。

（9）连续测试各测试点电压、电流及波形并记录。

（10）合闸模拟设备供电母线，使模拟设备供电母线带电（根据图 7.3 合闸）。

（11）通过光伏阵列模拟器操作面板设置光伏阵列模拟输出电压（不大于 500V），通过选择电流选项设置电流（不大于 5A）。

（12）合闸光伏并网逆变器并网端口控制断路器（根据图 7.3 合闸）。

（13）通过微电网主系统软件光伏发电界面观测，等待光伏并网逆变器状态转变为正常时，从光伏阵列模拟器操作屏上记录光伏阵列模拟器的输出电压及电流。

（14）通过钳形万用表测量光伏并网逆变器并网线路各相线电流或者通过微电网主系统软件光伏并网界面查看光伏并网逆变器输出有功功率并记录。

（15）反复改变光伏阵列模拟器输出参数，并记录光伏阵列模拟器输出及光伏并网逆变器并网功率。（此实验需要至少两名学生同时记录各设备参数，以保持状态一致性。）

（16）通过示波器观察光伏并网逆变器并网线路的电压及电流波形。

（17）计算光伏并网效率并观察光伏阵列模拟器的工作状态。

学　院＿＿＿＿＿＿＿＿＿　　　　专　业＿＿＿＿＿＿＿＿＿

班　级＿＿＿＿＿＿＿＿＿　姓　名＿＿＿＿＿＿＿＿＿　学　号＿＿＿＿＿＿＿＿＿

微电网能量环流实验报告

1. 实验目的

2. 实验原理

3. 实验方法

4. 实验结果

直流侧电流/A	直流侧电压/V	交流侧电流/A	交流侧电压/V

逆变 A 相电压/V	逆变 B 相电压/V	逆变 C 相电压/V	

直流侧功率/W	负载侧功率/W	逆变效率	离网功率/W

参 考 文 献

［1］ 张兴，曹仁贤. 太阳能光伏并网发电及其逆变控制［M］. 北京：机械工业出版社，2010.

［2］ ［日］太阳能学会. 太阳能利用新技术［M］. 宋永臣，宁亚东，刘瑜，译. 北京：科学出版社，2009.

［3］ 谢建，马勇刚. 太阳能光伏发电工程使用技术［M］. 北京：化学工业出版社，2010.

［4］ 沈辉，曾祖勤. 太阳能光伏发电技术［M］. 北京：化学工业出版社，2010.

［5］ 李瑞生，周逢权，李燕斌. 地面光伏发电系统及应用［M］. 北京：中国电力出版社，2012.

［6］ 孙向东，任碧莹，张琦，安少亮. 太阳能光伏并网发电技术［M］. 北京：电子工业出版社，2014.

［7］ 沈辉. 太阳能光伏发电技术［M］. 北京：化学工业出版社，2005.

［8］ 李练兵. 光伏发电并网逆变技术［M］. 北京：化学工业出版社，2016.

［9］ 周志敏，纪爱华. 逆变器新技术与工程应用实例［M］. 北京：中国电力出版社，2014.

［10］ 周邺飞，赫卫国，汪春. 微电网运行与控制技术［M］. 北京：中国水利水电出版社，2017.

［11］ Tom Markvart. 太阳电池：材料、制备工艺与检测［M］. 梁骏吾，译. 北京：机械工业出版社，2009.

［12］ 赵波. 微电网优化配置关键技术及应用［M］. 北京：科学出版社，2015.